포틱스 산업론
— 항공, 도시, 관광 —

도서출판 윤성사 057

포틱스 산업론
항공, 도시, 관광

제1판 제1쇄 2020년 2월 28일

지 은 이	구성관 · 배정환 · 임명재
펴 낸 이	정재훈
디 자 인	(주)디자인뜰

펴 낸 곳	도서출판 윤성사
주 소	서울특별시 서대문구 서소문로 27, 충정리시온 409호
전 화	편집부_02)313-3814 / 영업부_02)313-3813 / 팩스_02)313-3812
전 자 우 편	yspublish@daum.net
등 록	2017. 1. 23

ISBN 979-11-88836-47-5 (93550)

값 13,000원

ⓒ 구성관, 배정환, 임명재, 2020

저자와의 협의에 따라 인지를 생략합니다.

이 책의 전부 또는 일부 내용을 재사용하려면 반드시 사전에 저작권자와
도서출판 윤성사의 동의를 받아야 합니다.

잘못 만들어진 책은 구입하신 서점에서 교환 가능합니다.

＊이 저서는 2019년 대한민국 교육부와 한국연구재단에서 지원한
　한서대학교 HS혁신지원사업으로 수행되었습니다.

PORTICS
INDUSTRY
Aviation
City
Tourism

✈ 항공
🏙 도시
📘 관광

포틱스 산업론

구성관 · 배정환 · 임명재

도서출판 윤성사
YOONSEONGSA

공항, 항공기, 항공 운송 등의 단어는 모든 사람에게 낯설지 않은 단어이다. 우리나라는 1년에 1억 명 이상의 항공 여객을 처리하는 등 항공운송산업은 우리나라의 중추 산업 중 하나로 성장했고, 이제는 항공기를 이용하는 것이 매우 중요한 교통 수단 중 하나가 되었다. 1903년 유인 동력 비행이 성공하고서 겨우 100여 년의 시간이 지났지만, 항공 운송은 세계 경제의 발전과 함께 국제화, 세계화 등의 영향으로 지속적으로 성장했다. 최근에는 첨단 과학 기술의 발달과 함께 항공교통의 형태도 더욱 다양화되고 있다.

항공운송산업의 성장은 항공기만 발전된다고 이루어지는 것은 아니다. 항공 기술, 공항 운영, 공항 설계 및 건축, 지원 체계 등이 종합적으로 지원되어야 한다. 공항은 독자적으로 개발되지 않으며, 도시의 인근에서 개발되고 인구의 이동, 사람의 이동과 함께 성장한다.

우리 대학에서는 이러한 항공 및 공항 분야의 효과적인 학습을 위한 포틱스(PORTICS) 교육을 정의하고, 종합적인 학습을 위한 교육 체계와 교육과정을 제공하고 있다.

이 책은 항공과 공항 분야의 기초적인 지식을 배양할 목적에서 저자들이 대학교의 강의 경험을 토대로 이론적 바탕 위에 다양한 범위의 이해를 돕고자 집필했다. 이 책의 내용은 항공과 공항, 이를 통한 유관 산업에 대해 가능하면 쉽도록 설명했기 때문에 조금만 주의 깊게 읽는다면 내용을 쉽게 파악할 수 있을 것이다.

이 책은 중요 범위에 따라 총 3개의 편으로 구성되었다. 1편은 항공산업, 2편은 도시행정, 3편은 관광 경영으로 구분했으며, 각 편을 4개의 장으로 구성해 관련 분야에 대한 이해를 높이고자 했다.

이 책은 대학에서 한 학기의 교재로 다룰 수 있도록 구성했고, 강의 순서를 고려해서 목차를 편성했다. 다만, 항공시장의 동향이 빠르게 변하고 있고 예측하지 못한 환경적 변화에 따른 영향은 이 책의 내용을 기반으로 강의 중에 토론이 필요할 것이다.

내용 중 미흡한 부분에 대해서 어떠한 의견이든 기다리고 있으며, 향후 이 책의 부족한 부분에 대해서는 계

속적으로 보완할 것임을 약속한다. 이 책이 항공과 공항의 기반에 관한 이해를 돕고, 항공 분야를 공부하는 학생들에게 도움이 되기를 바란다.

2020년 2월
해미의 자미원에서 저자 일동

머리말 · 4

제1편 항공과 산업 · · · · · · · · · · · 11

제1장 항공산업의 개요 · · · · · · · · · · · 13
제1절 항공산업의 의의 · · · · · · · · · · · 13
제2절 항공산업의 역사 · · · · · · · · · · · 16
제3절 항공산업의 구성 및 특성 · · · · · · · · 27

제2장 항공산업의 범위 및 항공종사자 · · · · · · 32
제1절 항공산업의 범위 · · · · · · · · · · · 32
제2절 항공산업의 기반 · · · · · · · · · · · 37
제3절 항공종사자 · · · · · · · · · · · · · 44

제3장 공항 업무 · · · · · · · · · · · · · 50
제1절 공항의 개념과 운영 · · · · · · · · · · 50
제2절 공항의 구조 및 발생 업무 · · · · · · · 56

제4장 조약 및 국제기구 · · · · · · · · · · 66
제1절 국제항공협약 · · · · · · · · · · · · 66
제2절 국제민간항공기구 · · · · · · · · · · 75

제3절 국제항공운송협회 · · · · · · · · · · · 77
제4절 국제공항협회 · · · · · · · · · · · · · · 79

제2편 항공과 도시 · · · · · · · · · · · · · · 83

제5장 현대 도시의 성장 · · · · · · · · · · · 85
제1절 도시의 성장과 발전 · · · · · · · · · · 85
제2절 도시의 유형 · · · · · · · · · · · · · · · 94

제6장 현대 도시의 변화와 도시경제 · · · · · · · 102
제1절 새로운 도시경제 분야의 성장 · · · · · 102
제2절 도시정책과 도시의 변화 · · · · · · · · 109

제7장 공항과 도시 · · · · · · · · · · · · · · 118
제1절 공항과 도시경제 · · · · · · · · · · · · 118
제2절 공항복합도시와 공항 클러스터 · · · · · 130

제8장 공항과 도시의 미래 · · · · · · · · · · 137
제1절 도시 미래를 바라보는 시각 · · · · · · 137
제2절 도시 미래와 공항 · · · · · · · · · · · 143

제3편 항공과 관광 · · · · · · · · · · · · · 149

제9장 관광의 개념 · · · · · · · · · · · · · · 151
제1절 관광의 어원 · · · · · · · · · 151
제2절 관광의 개념 · · · · · · · · · 154

제10장 관광상품 · · · · · · · · · · · · · · · 161
제1절 관광상품의 개념 · · · · · · · 161
제2절 관광상품의 특성 · · · · · · · 163

제11장 관광사업 · · · · · · · · · · · · · · · 171
제1절 관광사업의 개념 및 특성 · · · · · · · · 171
제2절 관광사업의 분류 · · · · · · · 175

제12장 마케팅 · · · · · · · · · · · · · · · · 185
제1절 마케팅 개요 · · · · · · · · · 185
제2절 마케팅 활동 · · · · · · · · · 190

참고 문헌 · · · · · · · · · · · · · · · · · · 201

포틱스 산업론 항공 도시 관광

PORTICS INDUSTRY
Aviation City Tourism

제1편
항공과 산업

제 1 장 항공산업의 개요
제 2 장 항공산업의 범위 및 항공종사자
제 3 장 공항 업무
제 4 장 조약 및 국제기구

포틱스 산업론
- 항공, 도시, 관광 -

제1장
항공산업의 개요

 항공운송산업은 항공기만 움직인다고 이루어지는 것은 아니다. 인간의 이동 관점에서 항공 기술, 공항 운영, 공항 설계 및 건축, 지원 체계, 주변의 산업 여건 등이 종합적으로 지원되어야 한다. 공항은 독자적으로 개발되지 않으며, 도시의 인근에서 개발되고 이로 인한 인구의 이동, 재화의 이동, 사람의 이동이 함께 성장한다. 이 과정에서 도시, 관광 등 다양한 분야의 복합적인 이해와 개념의 융합이 필요하다. 이 장에서는 학습을 위한 기초 개념을 이해하기 위한 논의를 시작함으로써 전체적인 항공산업의 이해를 돕고자 한다.

제1절 항공산업의 의의

 산업의 사전적 정의를 살펴보면 "인간의 생활을 경제적으로 풍요롭게 하기 위해 재화나 서비스를 창출하는 생산적 기업이나 조직" 또는 "농업·목축업·임업·광업·공업을 비롯한 유형물의 생산 이외에 상업·금융업·운수업·서비스업과 같이 생산에 직접 결부되지 않으나 국민 경제에 불가결한 사업도 포함"으로 명시되어 있다. 또한 "유사한 성질을 갖는 산업 활동에 주로 종사하는 생산 단위의 집합"으로도 정의할 수 있다. 산업의 이행을 위한 산업활동이란 "각 생산 단위가 노동, 자본, 원료 등 자원을 투입해서 재화 또는 서비스를 생산 또는 제공하는 일련의 활동 과정"이라고 정의되어 있다.

항공산업과 유사한 다른 산업의 경우 '해양수산업',[1] '철도산업',[2] '유통산업'[3] 등과 같이 명확하게 법적으로 정의하고 분류하나, 우리나라 항공산업에 대한 합의된 정의는 없으며, 기관에 따라 다양하게 명시되고 있다.

우리나라 항공산업이 최근 비약적인 발전을 하고 있음에도 불구하고, 현재 항공산업이란 용어는 관련 법에 정의되어 있지 않다. 유사한 용어로 '항공사업' 및 '항공우주산업'이 관련 법에 정의되어 있어 우리나라의 항공산업을 명확히 파악하고 분류하기 위해서는 국내에서 유사하게 항공산업을 정의하는 것에 대해 확인할 필요가 있다. 우리나라의 경우 항공기를 이용한 수익을 창출하는 항공산업을 규정하는 「항공사업법」과 항공우주 관련 제조 및 연구개발 활동을 규정하는 「항공우주산업 개발 촉진법」 두 개의 법률에서 항공산업을 구분하고 있다.

「항공사업법」 제2조에는 항공사업을 "국토교통부 장관의 면허, 허가 또는 인가를 받거나 장관에게 등록 또는 신고를 하여 경영하는 사업"을 말하며, 「항공우주산업 개발 촉진법」 제2조에는 항공우주산업은 "항공기·우주 비행체·관련 부속 기기류 또는 관련 소재류를 생산하는 사업과 산업통산자원부령이 정하는 바에 따라 이용하는 응용사업(항공사업법에 따른 항공운송사업, 항공기사용사업은 제외)"으로 규정하고 있다.

사람 또는 물건을 옮기는 교통을 위한 수단은 도로, 철도, 항만, 항공, 삭도 등과 같이 우리가 매일 이용하거나 자주 이용하는 것뿐만 아니라, 특정 조건에서 다른 수단에 비해 많은 장점 때문에 빈도 수는 낮지만 반드시 이용해야 되는 것이 있다.

항공기를 이용한 교통은 다른 수단에 비해 멀리 떨어진 거리를 빠른 속도로 이동할 수 있다는 장점 때문에 현대 사회에서 중요한 교통 수단으로 이용된다. 하지만 항공기는 자동차

---

1) 해양수산발전기본법 제3조 3호 - 해양수산업이란 해양 및 해양수산자원의 관리·보전·개발·이용에 관련된 산업
2) 철도산업발전기본법 제3조 8호 - 철도운송·철도시설·철도차량 관련 산업과 철도기술 개발 관련 산업, 그 밖에 철도의 개발·이용·관리와 관련된 산업
3) 유통산업발전법 제2조 1호 - 농산물·임산물·축산물·수산물(가공물 및 조리물을 포함한다) 및 공산품의 도매·소매 및 이를 경영하기 위한 보관·배송·포장과 이와 관련된 정보·용역의 제공 등을 목적으로 하는 산업

등과 같이 매일 이용하는 대중적인 교통 수단과 달리 요구되는 여러 가지 운영 조건과 기반 조건이 필요하다.

항공기를 운항하기 위해서는 비행을 위한 목적 달성을 위해 항공기를 운영하려는 주체(개인 또는 단체)가 있어야 하고, 이것을 위한 인력이 있어야 한다. 항공기는 안전하게 비행할 수 있도록 정비되어 있고, 항공기를 조종하기 위한 기술과 기능이 필요하다. 따라서 이를 위한 합당한 능력과 이것이 검증된 자격을 갖춘 항공기 정비사와 조종사가 반드시 필요하다. 다만, 항공기를 운항하는 과정에서 직접적으로 항공기를 취급하는 정비사와 조종사만 있다고 항공기가 정상적으로 운항되는 것은 아니다. 항공기를 운항하기 위해서는 항공기가 이륙 및 착륙할 수 있는 장소, 항공기의 운항 목적에 따라 사람 또는 화물이 거치는 시설, 항공기가 정상적으로 운항할 수 있게 해 주는 지원 인력, 효과적이고 효율적인 업무 수행을 위한 지원 장비, 항공기가 공중에서 목적지로 비행할 수 있게 도움을 주는 시설, 지상과 공중에서의 항공기의 안전을 확보하기 위한 인력 및 시설 등과 같이 다양한 분야와 범위에서 필요한 것이 있다.

항공기는 교통 수단 이외의 목적으로 운항되기도 한다. 예를 들어 항공 관측, 항공사진 촬영, 경찰 업무, 세관 업무, 산불 진화, 농약 살포, 씨앗 뿌리기, 관광 비행과 같이 운송 이외의 목적으로 운항되거나 일반인이 취미활동 또는 이동을 위한 수단으로 항공기를 사용하는 비영리 항공활동까지 포함하기도 하며, 이를 영미권 국가에서는 일반항공(general aviation)으로 정의한다.

민간항공에 관한 UN 산하 국제기구인 국제민간항공기구(ICAO)에서는 항공 분야에 대해 경제활동과 관련 고용 측면에서 다루며, 이에 따라 다음 [그림 1-1]과 같이 항공산업을 구성하는 주요 참여자인 항공사, 항공기 운영자 및 계열사, 공항, 관제 서비스 제공업체와 제휴업체, 항공우주 관련 제조업체 및 계열사 등과 같이 폭넓은 범위를 포함하고 있다.

여기에서 다루고자 하는 항공산업의 범위는 그림에서와 같이 항공기가 안전하게 운항할 수 있도록 지원하는 안전 및 보안관리, 항공기 운항관리, 항공기 운영, 공항 운영 및 항공종사자에게 요구되는 자격증명제도 등을 포함한다.

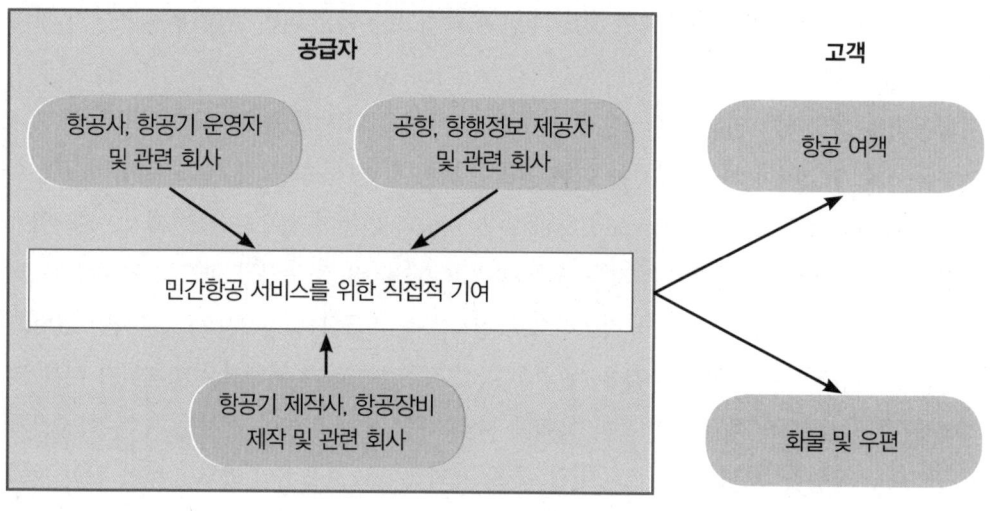

[그림 1-1] ICAO 기준 항공산업의 직접 연관 산업

제2절 항공산업의 역사

1. 제2차 세계대전 이전

인류가 하늘을 날고자 동경한 것은 매우 오래되었다. 인간이 열기구 · 비행선 · 헬리콥터 · 연(鳶) · 글라이더(glider) 등의 형태로 하늘을 나는 것을 시도했으나, 동력 항공기에 의한 최초의 비행은 1903년 미국의 라이트 형제(Orville Wright, Wilbur Wright)에 의해서 시작되었다. 그러나 실제로 항공기가 물자의 운송에 사용되기 시작한 것은 제1차 세대대전에서 전쟁을 위한 적진의 정찰, 폭탄 투하, 군수물자 수송의 수단으로 이용되었을 때부터라고 보아야 할 것이다.

제1차 세계대전 당시 연합군 측은 200여 대의 항공기를, 독일군 측은 180여 대의 항공기를 보유하고 있었다. 당시 항공기는 주로 목재로 구조를 만든 것으로 항공기의 설계 및 생산 기술, 엔진의 생산 기술, 안전성 및 신뢰성 관련 기술이 현재의 기술과는 매우 큰 차이를 보이는 수준이었으나, 초기 항공 기술의 발전을 위해 정부의 조직적이고 강력한 지원이 이루어졌다. 따라서 항공기의 성능, 엔진의 능력, 비행 속도, 항속 거리 등의 주요 항공기 성능 지표 면에서 향상이 이루어졌으며, 항공기 안전 운항의 신뢰성 면에서 비약적인 발전이 이루어졌으나, 해당 부분은 무기로서의 항공기 가치를 향상시키기 위한 측면이 매우 컸다.

[그림 1-2] 제1차 세계대전 당시 항공기

제1차 세계대전 이후 군용 항공기의 민간 부문의 전용과 상업 항공 운송이 이루어지기 시작했다. 주로 미국보다는 유럽 지역에서 항공기를 이용한 운송의 추진에 적극적이었다. 이는 미국의 경우 전쟁으로 인한 육상 운송 시스템의 파손이 없었던 반면, 유럽은 전쟁으로 인해 육상교통 시스템의 파손이 심했고, 국가 간 이동의 필요성과 수요에 의해 항공 운송에 대한 각국 사이의 경쟁 의식이 강했기 때문이다. 미국에서는 거대한 국토를 바탕으로 민간인과 민간기업 중심으로 항공 활동이 활발히 이루어졌다. 세계 최초의 항공운송사업도 1914년 미국 플로리다주 탐파(Tampa)에서 시도되었다.

국제선 정기 항공운송사업은 1919년 영국의 핸들리 페이지(Handley Page) 회사가 런던-파리 구간에서 최초로 시작했고, 비슷한 시기에 6개의 유럽 항공사가 항공 운송을 시작하거나 준비했다. 같은 해에 현재 국제항공운송협회(IATA)의 전신인 국제항공운수협회(International

Air Traffic Association)가 설립되었으며, 국제민간항공운송사업의 질서를 위한 파리국제항공조약이 체결되어 영공주권주의[4]가 확립되었다.

유럽 국가에서는 국영항공사(national airlines)가 설립되거나, 민간 자본이나 정부 지원을 받는 항공사가 운송을 시작했다. 이 시기 미국에서는 적은 정부 지원으로 인해, 국영항공사 등 정기 여객 운송 항공사의 발전은 더뎠으나, 우정국(Post Office Department)이 장거리 우편물의 항공 운송을 추진해 우편물의 항공 운송 체계가 발전했다. 1918년 미국 우정국이 뉴욕-필라델피아-워싱턴DC 간의 항공우편 서비스를 개시했고, 그 후 항공과 철도 운송의 혼합으로 뉴욕-샌프란시스코 간의 대륙횡단 항공우편 서비스도 실시했다. 미국의 항공우편 비행은 장거리 우편물의 운송에 효과적으로 대응했으며, 야간 비행의 시도도 미국 우정국의 주도로 가능해졌다.[5]

1920년 초에 프랑스, 독일, 네덜란드, 영국, 스위스 등의 유럽 국가에서 본격적인 여객 운송을 위한 항공사 설립이 시도되었다. 뒤이어 벨기에, 스웨덴 등도 항공사의 설립을 추진했으며, 콜롬비아, 오스트레일리아, 뉴질랜드 등도 항공 여객 운송 서비스를 시작했다. 1922년 캐나다, 아르헨티나, 폴란드, 일본 등에서 정기항공 운송 서비스를 시작했다. 이 시기에 사용된 항공기는 네덜란드의 포커(Fokker)사, 독일의 융커스(Junkers)사의 3발기가 주를 이루었으며, 세계 최초로 대중화된 자동차를 생산한 미국 포드(Ford)사에서도 3발기를 개발해 판매했다.

이 시기의 항공 여객 운송의 서비스는 경제적 이윤을 얻지는 못했지만, 오스트리아, 핀란드, 헝가리, 태국, 러시아, 체코슬로바키아, 멕시코, 이탈리아, 볼리비아, 이란 등도 항공 여객 운송의 서비스를 시작해 1920년대가 항공운송업의 시작기라고 할 수 있다. 초기 항공 운송은 안전상의 이유로 맑은 날 주간 비행이 주로 이루어졌으나, 야간 운항도 시도되었고, 이후 무선통신 장비의 활용 확대, 공항의 조명시설 개발 등이 이루어졌다. 나쁜 기상 상태에서도 항공기를 안전하게 운항하기 위한 기술에 대한 개발이 이루어졌는데, 특히 독일은 이러한 문제에 적극적인 관심을 가졌다.

1920년대 중반경에 항공 운송은 양적으로 성장하기 시작했다. 독일, 영국, 스웨덴, 노르

---

[4] 영공(領空)이란 국가의 영토와 영해(領海)의 상공을 이르는 말로서, 특별한 이유가 없으면 영공은 그 국가의 배타적 주권이 미치는 범위라고 할 수 있음.

[5] 실제적으로 항공기의 감항성, 조종사의 자격, 비행 규칙 등과 같은 초기 항공 규정은 미국 우정국에서 규정함.

[그림 1-3] 포드 트라이모터(Ford Tri-Motor) 여객기

웨이, 덴마크, 스위스, 프랑스 등 유럽 주요 국가의 항공사들은 각기 연간 천만 km의 비행과 10만 명 이상의 여객 수송 실적을 1926년경에 달성했다. 미국의 경우 항공우편 운송이 주를 이루는 형태였으나, 1925년 켈리법(Kelly Act)이라고 불리는 상업항공법(Air Commerce Act)에 따라 항공우편산업을 민간에 이양해 상업 항공의 발전이 가능하게 되고, 항공우편과 함께 부분적인 여객 운송 서비스가 시도되었다. 1926년에는 동법에 의한 정부 지원으로 민간 항로(airway) 개발과 항공보안시설 개발을 추진하고, 항공기, 조종사, 운항 지원시설 등은 등록, 검사, 허가를 받도록 하는 조치를 취했다. 항공기의 안전비행 고도, 시정 거리 등과 같은 항공교통 규칙을 정해 지금의 연방항공법(Federal Aviaton Regulation)의 전신인 민간항공법(Civil Aviation Regulation)을 제정했다. 구겐하임재단(Guggenheim Foundation)이 설립되어 항공 발전을 위한 항공기 개발 지원을 수행했으며, 린드버그(Charles A. Lindbergh)는 역사적인 대서양 무착륙 횡단 비행에 성공해 일반 시민에게 항공 여행의 가능성과 신뢰감을 주었다. 팬암항공(Pan American World Airway)이 수상기(水上機, seaplane)로 국제 정기항공 운송 업무를 개시하기도 했다. 1928년에는 인도네시아, 불가리아에서, 다음해에는 칠레, 쿠바, 남아프

라카연합, 베네수엘라 등에서 항공사가 설립되어 서비스가 시작되었다.

항공기 제조 기술의 경우 1920년에도 많은 연구와 성과가 있었지만, 1930년대 들어서야 새로운 항공기의 출현으로 더 발전하는 결과가 나타났다. 대표적인 예가 보잉(Boeing)사에서 개발한 B247 항공기로, 이전에 사용되던 초기 3발 여객기에 비해 매우 큰 성능 개선이 이루어진 모델이다. B247은 사실상 최초의 현대식 항공기로 전체가 금속으로 이루어진 항공기였으며, 순항 속도는 시간당 150마일을 비행할 수 있는 10명의 승객이 탑승할 수 있는 항공기이다. 현재 항공기에도 사용되는 바퀴를 동체에 집어 넣을 수 있는 착륙장치(retractable landing gear), 지표면 조절 트림 탭(control surface trim tabs), 가변 피치 프로펠러(variable pitch propellers, automatic pilots, deicing equipment) 등이 도입되었다.

미국의 주요 여객 운송 항공사들이 1930년 즈음 설립되었다. 1926년 팬암항공(Pan America World Airway), 1927년 노스웨스트항공(Northwest Airlines), 1930년 TWA항공, 1934년에는 아메리칸항공(American Airlines)과 유나이티드항공(United Airlines) 등이 설립되었다. 이 시기 항공사들은 상업적인 성공을 하지 못한 보잉의 B247 항공기 대신 더글러스사(Douglas Aircraft Corporation)에서 개발된 여객 운송 항공기를 선호했다. 더글러스사는 DC-

출처 : https://en.wikipedia.org/wiki/Boeing_247

[그림 1-4] 보잉 247(Boeing 247) 항공기

1, DC-2에 이어 1936년 DC-3를 생산했다. DC-3는 항공사상 가장 수명이 긴 항공기가 되었는데, 24명의 승객을 태우고 시속 200마일의 속도를 내었으며, 쾌적성과 안전성도 인정받아 항공사에 이윤을 제공할 수 있는 항공기로 사용되었다. DC-3은 1,300대 이상 생산되었고, 이후 군용 수송기(C-47)로도 사용되었으며, 아직도 실제 항공기가 비행하고 일부 항공기는 항공 운송에도 활용되고 있다.

[그림 1-5] DC-3

1930년에 중국, 한국 등에서 항공 여객 운송이 시작되었고, 1939년까지 전 세계 대륙의 주요 선진국에서 상업항공 운송이 시작되었다. 1920년대와 1930년대의 20년간 항공 운송 분야는 눈부신 발전을 이룩해 이 시기를 항공산업의 황금기(golden age)라고 부른다. 세계 각국에서 상업항공 운송이 시작되었을 뿐 아니라, 공항 건설, 항공로 개발 및 항공 보안 시설의 개선도 괄목할 만하게 이루어졌다. 세계 최초의 항공관제소가 미국 뉴저지주의 뉴어크(Newark)공항에 설립되었으며, 무선통신 관제 장비를 갖춘 공항으로 미국 클리블랜드(Cleveland)공항이 있었다. 1920년대에는 대서양 횡단이 관심이었다면, 1930년대에는 세계 일주 비행이 주요 관심 분야였다. 실제로 윌리 포스트(Wiley Post)는 록히드(Lockheed)사의 단발기로 8일 만에 세계 일주를 성공했다.

다만, 항공사들은 항공기 운항에 따른 경제적 부담으로 활발한 투자를 하지 못했다. 그 결과 미국에서는 상업 운송의 안정적 발전을 위해 1938년 민간항공법(Civil Aeronautics Act)을 통과시켰다. 이 법에 따라 항공로의 개발과 운영에 대한 책임은 현재 미연방항공청(Federal Aviation Administration: FAA)의 전신인 민간항공기구(Civil Aeronautics Authority: CAA)가 지도록 했으며, 민간항공위원회(Civil Aeronautics Board: CAB)도 설립되어 안전한 항공운송산업을 위한 규제 시스템이 형성됨으로써 항공운송산업의 건전한 발전의 기반이 되었다.

유럽에서는 이미 설립된 항공사들이 서비스를 확대했다. 이러한 형태를 다른 대륙에 식민지를 가지고 있던 유럽 강국의 항공사가 아시아, 아프리카 등의 식민지 국가와 본국 간의 항로를 운항하는 형태가 대부분이었다. 다만, 아시아 항로의 경우 각 항공사는 항공 보안의 제한성으로 인해 고정된 항로만 운항했으나, 결과적으로는 동서 지역 간의 교역에서 중요한 역할을 했다. 아프리카 항로는 영국, 네덜란드, 프랑스, 벨기에 등의 항공사에 의해 개발되어 경제적, 정치적 교류에 주요 역할을 했다.

2. 제2차 세계대전 ~ 1960년대

제2차 세계대전(1939년)은 제1차 세계대전 이후 항공 기술 발전에 매우 큰 계기가 되었다. 제1차 세계대전 이후 활발해진 민간 항공 운송은 제2차 세계대전에서 군수물자의 운송에 주요한 역할을 했고, 이는 대륙 간 전쟁 수행을 위한 대규모 항공화물 수요의 급증과 병력 수송 등에서 항공 운송의 필요성이 더욱 부각되었다.

당시 미국은 장거리 수송기 개발에 많은 자원을 투입했다. 주요 미국의 민간항공기 제작사들은 군용항공기 수요의 폭발적 증가를 대응하기 위한 외형적인 확장을 하게 되었을 뿐만 아니라, 자동차 제작 회사까지 참여시켜 항공기 제작 시설의 확장을 정부가 지원했다. 당시 경쟁 관계에 있던 항공기 제작사들의 시설을 공동으로 사용했으며, 정부는 전쟁 종결 후에 확장된 시설을 민간 부문에서 활용할 수 있도록 하는 법적 조치를 취했다.

또한 군사, 방위 목적을 위해 기존 공항시설을 개량했고, 새로운 공항을 건설했다. 이들 중 상당수가 전쟁 후 민간 공항으로 전환되었다. 항공기 제작에 대한 정부 지원과 민간의 공동 노력은 항공기 자체뿐만 아니라, 항공 운항 기반시설에서도 기술적인 측면의 발전을 이룩했다.

제2차 세계대전 중 항공기 기술 측면에서 주요한 이벤트는 제트 엔진의 개발이다. 제트 엔진의 기본 개념은 영국의 프랭크 휘틀(Frank Whittle)과 독일의 한스 폰 오하인(Hans von Ohain)에 의해 1930년대부터 개발되었다. 1939년 독일의 Heinkel-178과 1941년 영국의 Gloster 28/29는 제트 엔진으로 추력을 얻어 비행한 초기의 항공기였다. 미국에서는 제너럴 일렉트릭(General Electric)사가 휘틀(Whittle) 제트 엔진을 토대로 해서 1942년에 Bell XP-59A에 제트 엔진을 장착했었다.

전쟁은 민간 항공사의 정기 운항을 감축 또는 중단시켰으나 이는 군용 전환을 위한 것으로, 미국의 팬암항공사나 영국의 임페리얼 항공사(Imperial Airways)가 대표적인 군사 업무 수행 항공사였다. 독일에서는 전쟁 전에 유럽 최대 항공사가 된 루프트한자(Lufthansa)[6]도 전쟁 중 물자 운송을 수행한 항공사이다.

제2차 세계대전이 끝나자 전쟁 중에 생산된 군용 수송기들이 민간 항공시장에서 활용되었다. DC-2 및 DC-3 항공기는 전 세계 항공사에서 구입해 항공 운송시장에 크게 기여했다. 항공사들은 개량된 항공기 성능을 활용해 장거리 국제 노선의 서비스를 늘렸다. 조종사 등과 같은 훈련된 인적 자원, 풍부한 부품, 항공기 운영 경험 등은 전쟁의 결과로 남은 것으로 전후 민간 항공 발전에 발판을 제공했으나, 당시 항공사들은 적정한 이윤을 확보하기 힘든 상태였다. 대형 항공기를 구입한 항공사들은 과도한 운항 비용을 지출해야만 하는 문제가 있었으며, 이와 같은 경제적 손실에 대한 일부 정부 보조가 추진되었다.

제2차 세계대전 후 나타난 매우 중요한 변화는 국제 항공 운송의 규제에 관한 협의이다. 1944년 미국의 주도로 세계 53개국 대표가 시카고에 모여 국제항공운송업의 발전을 위한 국제협약에 대해 논의했다. 시카고 컨벤션으로 불리는 이 회의에서 참가국의 입장 차이로 인해 완전한 타결이 이루어지지는 못했으나, 국제민간항공기구(International Civil Aviation Organization: ICAO)의 설립에 대한 합의와 국제 항공 운송을 원활하게 하기 위한 기술적 협조에 대한 합의는 했다. 시카고 컨벤션의 결과로 1947년 ICAO가 설립되었으며, 국제연합(UN) 산하의 전문기구가 되었다. 시카고 컨벤션에서 합의하지 못한 것은 국가 간 항공 수송에 따르는 경제적인 문제의 일반적인 합의로서, 항공 운임 및 좌석의 공급량 문제 등과 같은 경제적 문제는 관련된 두 나라 사이에 별도로 항공 협정을 맺는 방법이 일반적이었다. 최초로 두 국가 사이에 맺어진 항공 협정은 1946년 버뮤다에서 맺은 미국과 영국 간의 항공 협정

[6) 현재 독일의 루프트한자(Lufthansa)와 동일한 항공사는 아님.

이며, 버뮤다 협정은 이후 국가 간 항공 협정의 표본이 되었다.

미국의 항공 여객 운송은 제2차 세계대전 전까지는 유럽에 비해 상대적으로 활발하지 못한 상태였으나, 1938년 설립된 민간항공위원회(CAB)의 협조와 장려, 전쟁 중 발전된 항공기 기술, 항공 운송에 적합한 큰 영토 등의 영향으로 전쟁 후 본격적으로 성장했다. 대도시와 소도시 간을 오가는(feeder) 노선 운항을 위한 지역 항공사(regional service carrier), 전세기 운항을 위한 항공사(charter service carrier), 수요가 적은 지역을 위한 항공사(commuter service carrier) 등을 승인해 주었으며, 대형 항공사와 지역 항공사에 대한 연방정부 차원의 지원도 이루어졌다. 또한, 많은 항공사가 국제 운송을 확대했는데, 특히 팬암항공사는 5개 대륙에 노선을 운항하는 항공사로 성장해, 1947년에는 전 세계에 항공 운송 서비스를 제공하는 유일 단일 항공사였다. 전후 신공항의 건설과 공항시설의 대대적인 개선도 이루어졌으며, 미국에서는 1946년 「연방항공법(Federal Airport Act)」에 따라 5억 달러의 자금을 7년 동안 공항 시스템 개선에 투자하기도 했다.

1950년대에 들어서는 신생 독립국 및 약소국에서도 항공사의 신규 설립이 활발해졌다. 1948년 이스라엘항공사, 1950년 가루다(Garuda) 인도네시아항공사가 설립되었으며, 아프리카의 여러 나라에서도 신규 항공사가 설립되었다.

항공사의 설립과 함께 항공기 성능 개량도 이루어졌다. 영국은 제트 엔진을 이용한 여객 운송용 항공기를 개발하고, 이를 민간 항공에 도입했다. 현재 브리티시항공(British Airway)의 전신인 BOAC는 1952년 최초의 제트 여객기인 드 하빌랜드 코멧(De Havilland Comet)을 런던-요하네스버그 노선에 투입했다. 이 항공기는 시속 500마일의 속도로 60명의 여객이 탑승할 수 있는 항공기로, 현대화된 항공 운송이 이루어지게 되었다.[7]

소련은 항공 여객 운송에 제트 항공기를 투입한 두 번째 나라로, 1956년 아에로플로트(Aeroflot)항공사가 TU-104 제트 항공기를 모스크바-옴스크-이르쿠츠크 항로에 투입했는데, 해당 항공기는 50인승으로 이 노선의 비행 시간을 기존 15 시간에서 7시간으로 단축했다.

미국은 1958년에 제트 항공기를 민간 항공사에 도입했다. 보잉사의 제트 여객기인 B707을 북대서양 항로에 투입했으며, 2년 후 더글라스사는 DC-8 항공기를 선보였다. B707과 DC-8은 영국의 코멧(Comet)이나 소련의 TU-104보다 늦게 시장에 투입되었으나, 여객의

---

7) 1954년 2대의 코멧(Comet)이 상업 운송 중 공중 분해되는 사고로 인해 항공시장에서 완전히 철수됨.

탑승 용량이 170인승으로 기존 항공기에 대비해 월등하고 이로 인한 경제적 이점이 탁월해서 실제적인 제트 항공기 운송 시대가 시작되었다고 할 수 있다.

대형 항공사들이 제트 항공기를 도입함에 따라 기존 항공기는 신생 항공사, 소형 항공사 등이 저렴한 비용으로 구입할 수 있게 되었는데, 이로 인해 항공 운송시장이 확대될 수 있는 기회가 되었다. 또한 신생 독립국이나 약소국도 해당 항공기를 도입해 항공사의 설립 또는 규모의 확장이 가능했다.

1958년에 미국에서는 항공 운송 시스템의 안전성 확보와 효율성 향상을 위해 1938년에 제정된 민간항공법(Civil Aeronautics Act)을 대신할 연방항공법(Federal Aviation Act)이 국회를 통과했다. 이 법에 따라 연방항공청(Federal Aviation Agency: FAA)이 별도의 정부기관으로 설립되었다. 이때의 FAA는 민간 및 군 항공에 관한 모든 사항을 통제하는 기구로 항로 운영에 관한 업무, 항공 교통 규칙에 관한 업무, 항공 운항을 위한 기반 시설의 획득, 개발, 운영에 관한 업무 등을 책임지게 되었다. FAA의 안전 규정은 연방항공규정(Federal Aviation Regulation: FAR)으로 구분되어 적용되었다. FAA는 관련된 연구, 개발 업무의 수행, 조종사, 정비사 등과 같은 자격, 정비시설 등에 관한 인허가 업무를 담당하게 되었다. 항공기 안전에 관한 규제는 FAA가 담당하고 있었지만, 민간 항공기의 사고 조사에 관한 업무와 민간 항공의 경제적 규제는 민간항공위원회(CAB)가 담당하도록 되어 있었다.

3. 제트 항공기 활용 이후

1960년대가 실질적인 제트 항공기 시대의 시작이라 할 수 있다. 1958년부터 15대의 제트 항공기의 취항이 시작되었으나, 1961년에는 413대의 항공기가 운영되었다. 제트 항공기의 도입은 항공사와 공항 운영자에게 새로운 문제를 고민하게 했다. 첫 번째는 기존 공항시설의 활주로 길이, 유도로 폭, 연료 저장 능력 등과 같은 한계로 인해 제트 항공기의 처리에 한계가 있었으며, 이에 따라 제트 항공기가 취항할 수 있는 공항의 수가 많지 않았다. 둘째는 초기 제트 항공기는 엔진에서 발생하는 소음으로 인해 공항 인근 주민으로부터 민원이 발생했다. 이러한 문제로 인해 제트 항공기가 이용되는 공항 시설과 항로 시설을 현대화할 필요성이 제기되었다.

1970년대에 대형(wide body) 제트기의 등장은 항공운송산업에서 획기적 비용 절감을 가능하게 했고, 이것은 항공 여행의 대중화에 크게 기여했다. 초기 생산된 제트 항공기는 협동체(狹胴體, narrow body) 항공기였으나, 1970년 팬암항공사에서 B747 항공기를 투입한 것으로 시작해 400명 이상의 탑승객을 한번에 운송할 수 있는 항공기가 취항했다. 더글러스사는 DC-10, 록히드사는 L-1011 등의 동체의 폭이 넓은 대형 항공기를 출시했고, 유럽에서는 에어버스(Airbus)사가 A300 항공기를 1973년에 출시했다. 대형 항공기의 도입으로 초기에는 좌석 공급이 과잉되는 현상이 나타났으나, 대형 항공기가 좌석-킬로미터당 운영비가 감소하는 효과로 경제적임을 인식해 항공사에서는 도입을 적극 추진했다. 다만, 1974년 오일 쇼크로 인해 10배 이상의 연료비를 부담하게 되면서, 고효율 운항을 위한 각 분야의 요구가 발생했고, 따라서 당시 개발된 음속의 2배로 비행이 가능한 콩코드 여객기가 여러 가지 문제로 인해 항공 운송 시장에서 인기가 많지 않았다.

1970년 중반부터 미국에서는 경제에 대한 정부의 규제 체계를 완료하려는 시도가 있었으며, 민간항공위원회(CAB)도 대상이 되었다. 전반적인 규제 완화를 논의하는 시점에 항공 분야의 규제 완화가 적용되기 시작했으며, 항공사들도 관련 규제가 완화되는 것을 긍정적으로 받아들였다. 할인 요금을 가능하게 하고, 신규 노선을 취항하게 하는 등의 조치로 규제 완화를 시작했다. 이는 소비자의 경우 할인 요금의 혜택을 받게 되었으며, 이로 인한 항공 운송의 증가로 항공운송산업의 전반적인 이윤이 상승하는 효과를 나타내었다. 규제 완화로 인해 실직할 수 있는 관련 항공운송산업 종사자에 대한 지원책을 마련함으로써 항공운송산업의 규제 완화 조건을 모두 갖추게 되었다. 미국의 항공운송산업 규제 완화 조치는 두 단계로 이루어졌다. 항공 화물에 대한 규제 완화는 1977년 11월에, 항공 여객에 대한 규제 완화는 1978년 10월에 이루어졌으며, 민간항공위원회(CAB)는 1984년 해체되었다.

규제 완화로 항공사들은 신규 노선 취항, 요금 인하 등을 자유롭게 할 수 있게 되자 시장의 경쟁이 과열되었으며, 이는 항공 여행의 여건이 급격히 변화하는 원인이 되었다. 즉, 공급 과잉 노선이 발생하고, 항공사들은 치열한 경쟁을 하게 되었다. 이에 맞는 효율성이 높은 항공기의 개발이 이루어졌으나, 고가의 항공기 구입 비용을 지출하는 항공사에서는 이윤을 얻지 못하는 여건이 되었다.

한편, 항공운송시장의 규제 완화는 결과적으로 고효율의 항공기의 개발이 이루어지는 계기가 되었다. 보잉사의 B767, B777 및 에어버스사의 A330 등과 같은 항공기는 엔진 성능 향상으로 연료 효율성이 향상되었으며, 수요가 한정적인 장거리 직항 노선의 서비스를 제공하는 데 B747 항공기보다 효과적이었다.

규제 완화로 항공 운송사업에 신규로 진출한 항공사는 낮은 운영비와 낮은 운영으로 기존 항공사와 경쟁했고, 이는 항공 요금을 전반적으로 낮추는 데 기여했으나, 이 과정에서 많은 항공사가 합병되거나 도산했다. 1990년대 이후 주요 항공사는 국제적 제휴 또는 항공사의 합병 등으로 경쟁력을 확보했고, 2000년대에서 항공사들의 동맹체(alliance)를 통해 노선의 확대 효과를 통한 서비스를 제공하고 있다.

최근에는 미국의 사우스웨스트(Southwest), 유럽의 라이언항공(Ryan Air), 말레이시아의 에어아시아(Air Asia) 등과 같은 성공적인 저비용 항공사(Low Cost Carrier: LCC)로 인해, 이들의 서비스 형태를 메이저 항공사(Full Service Carrier: FSC)와 구분하는 것이 일반적이다. 즉, 전통적인 항공 운송 서비스와 대비되는 간소화된 서비스의 제공으로 인해 항공 여행객의 선택의 폭이 넓어졌으며, 이로 인한 항공운송시장은 지속적으로 확대되고 있다.

제3절 항공산업의 구성 및 특성

1. 항공산업의 구성

여객과 화물의 출발지에서 목적지까지 항공기를 이용해 운송하기 위해서는 항공산업이 핵심적인 역할을 하는 필수적 요소가 있다. 여객이나 화물을 운송할 수 있는 항공기, 항공기가 여객과 화물을 싣거나 내릴 수 있도록 시설을 갖춘 공항, 항공기가 안전하게 비행할 수 있도록 지정된 공간과 항공로와 같은 공역 관리, 항공기를 조종하거나 운항을 지원하는 항공 종사자 등의 네 가지 필수적인 요소로 구성되어 있다. 항공운송산업의 구성 요소는 한 가지라도 문제가 발생하면 항공기의 안전 운항과 운송의 효율성을 보장할 수 없게 된다. 즉, 모든 요소는 상호간 효과적이고 합리적으로 작용해야 한다.

항공산업의 구성 요소의 상호간 작용을 도식화하면 [그림 1-6]과 같다. 항공기와 항공종사자는 항공산업을 구성하는 핵심 요소 중 일반적으로 민간 영역에서 지원하는 것으로, 주로 항공사 또는 지상조업사와 같이 실제적으로 항공기를 운영하거나 운영 지원을 하는 것을 나타낸 것이다. 공항과 공역관리 요소는 항공기를 운영하기 위한 기반시설로서 정부 또는 공공기관에서 지원하는 업무 영역으로, 실제적으로 항공기를 운영하기 위한 터전이라고 할 수 있는 것으로 항공 교통 업무 등을 포함한 항공기가 도착하거나 출발하는 데 필요한 모든 업무를 모두 포함한다.

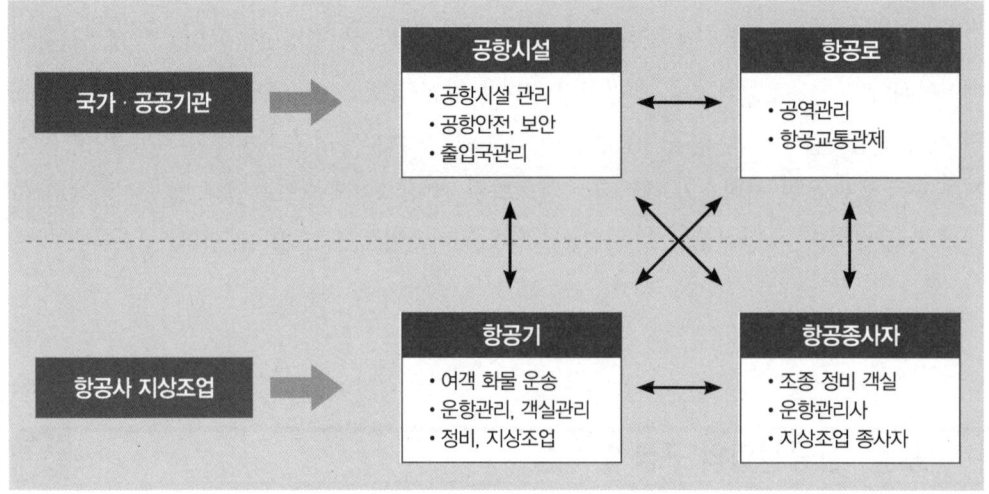

[그림 1-6] 항공산업의 주요 구성 시스템

2. 항공산업의 운송적 특성

항공의 운송적 활용은 다른 교통 수단에 비해 늦게 시작했으나, 다음과 같은 명확한 특징으로 인해 다른 운송 수단에 비해 매우 빠른 속도로 발전했고, 현대 사회에서는 중요한 교통 산업이 되었다.

1) 고속성

항공 운송은 다른 교통 수단에 비해 매우 빠른 속도로 운항할 수 있어 교통 수단 중 가장 고속성(高速性)을 가지고 있다. 이는 고성능 제트 엔진 개발로 엔진의 힘이 매우 강력해졌을 뿐만 아니라, 항공기는 지면에서 운영하는 자동차나, 수면에서 운영되는 선박에 비해 마찰력이나 저항력이 가장 작은 공중에서 운항하기 때문에 빠른 속도를 낼 수 있는 것이다. 특히 장

거리를 운항하는 경우 높은 고도에서 비행하기 때문에 공기 밀도가 작아 공기 마찰력이 매우 낮아지고 빠른 속도를 낼 수 있는 조건이 된다. 따라서 제트 여객기의 경우 800km/h 이상을 운항할 수 있게 되어, 선박 60km/h, 고속버스 100km/h, 고속철도 300km/h에 비해 매우 빠른 고속성을 가지고 있다.

2) 정시성

항공 운송은 비교적 출발 시간과 도착 시간을 정확하게 준수하는 정시성(定時性)의 특성이 있다. 항공기는 장애물이 없는 공중을 운항하기 때문에 다른 교통 수단과 같은 교통 체증이나 장애물에 의한 방해가 없어 계획된 운항을 할 수 있게 된다. 다만, 항공기 운항에 차질을 주는 기상 악화의 경우 다른 특성인 안전성의 보장을 위해 운항하지 못하도록 통제하는 것이나, 최근 항행 기술의 발전으로 기상 악화의 영향이 적어지고 있다.

교통 수단 중 정시성이 가장 높은 것은 철도(rail)를 따라 운행하는 철도 교통이며, 해상 교통은 기상의 영향을 많이 받고, 도로 교통은 차량 집중에 의한 교통 체증이 발생할 수 있으므로 정시성 확보가 어렵다.

항공 운송은 여객이 항공기를 갈아타는 환승이나, 공항에서 목적지로 이동하기 위한 다른 운송 수단의 이용이 필요한 여건으로 인해 계획된 운항 시간을 정확히 맞추어야 수송의 효율성을 높일 수 있으므로 특히 정시성이 요구되는 수단이다.

3) 안전성

항공 운송은 다른 교통에 비해 안전성이 높은 교통 수단이다. 항공기는 사고가 발생하면 많은 인명과 재산 손실이 발생하게 되는 대형 사고로 이어지기 때문에, 항공기를 이용하려는 여객의 입장에서는 안전하지 않다고 느껴지면 이용하지 않게 될 것이다.

항공 운송의 안전성에 대해 항공기 사고 발생률을 기준으로 보면, 미국의 항공사는 평균 7만 7천 운항 시마다 1회 인명 사고를 낸 것으로 나타났다.

4) 쾌적성

항공 운송에 이용되는 항공기의 내부 시설과 좌석이 다른 교통 수단에 비해 비교적 넓고 기내가 첨단시설로 갖추어져 있어 쾌적하다. 또한, 항공기를 이용하기 위한 공항의 경우 다른 교통 수단의 터미널에 비해 쾌적하게 운영되고 있는 특성이 있다. 즉, 항공기 좌석은 안락함과 함께 휴식이 가능하도록 설계되어 있으며, 좌석 등급이 상향될수록 좌석의 너비와 크기 및 객실 공간 배치가 쾌적성을 더해 간다. 또한 공항시설의 경우도 출입국 수속 등의 업무와 휴식을 취할 수 있는 공간이 함께 구성되어 있으며, 이용객의 만족도 향상을 위해 실내 조경, 음악 연주, 미니 박물관, 미술품 전시 등과 같이 쾌적성을 향상시키기 위한 노력으로 다른 운송 수단의 터미널과는 차별화된 서비스를 제공한다.

5) 장거리 운항성

항공 운송은 장거리 운송이 매우 유리한 특성이 있다. 항공기는 이륙과 착륙 구간에서 상승하거나 착륙할 때 비교적 연료 소모가 많으나, 순항으로 운항되는 구간에서는 단위 거리당 연료 소모가 적으며, 또한 높은 고도에서 비행하는 특성으로 인해 공기 저항이 작아 효율적인 운항이 가능하다.

항공기가 공항을 이용하면서 지불하는 착륙료나 주기료(駐機料)의 경우도 공항의 이용 횟수에 따라 부과되며, 항공기 운항 지원을 위한 지상조업의 비용도 횟수에 따라 부과되므로 장거리 운항을 할수록 단위 운항당 비용이 적게 들어 유리한 운영이 가능하다.

6) 시간 가치에 의한 경제성

항공 운송의 운임은 다른 교통 수단의 운임이 비해 비교적 높게 책정되어 있어 이용자 입장에서는 경제성이 없는 것으로 보이나, 기본적인 운임의 구조는 다른 교통 수단과 동일하게 거리 비례 운임제도이다. 또한, 현대 사회의 생활에서 시간 가치의 중요성이 증가하면서, 높은 운임에도 불구하고 고속성에 의한 운항 시간 단축으로 목적지에 빨리 도착해 업무를 수행하거나 여행을 시작할 수 있게 되면서 오히려 다른 교통 수단에 비해 경제성이 있는 것으로 평가되고 있다.

토론 과제

1. 항공산업의 최근 이슈에 대해 알아보시오.
2. 공항에서 보안 검색을 하는 이유에 대해 알아보시오.
3. 항공시장의 전망에 대해 알아보시오.
4. 항공 운송의 특성인 경제성에 대해 사례를 들어 보시오.

제2장

항공산업의 범위 및 항공종사자

이 장에서는 항공산업의 범위, 항공기 등 항공산업의 기반에 대해 살펴보고, 공항시설, 항행 안전시설과 조종사, 항공교통통제사, 항공정비사, 운항관리사 등 항공종사자에 대해서도 알아본다.

제1절 항공산업의 범위

1. 항공 운송

우리나라 항공산업에 관련된 내용을 보면, 항공법의 항공 운송과 관련된 내용과 1971년 제정된 항공운송사업진흥법이 통합되어 항공사업법으로 제정되었다. 항공사업이라 함은 국토교통부 장관의 면허, 허가 또는 인가를 받거나 국토교통부 장관에게 등록 또는 신고해 경영하는 사업을 말한다. 항공운송사업은 국내 항공운송사업, 국제 항공운송사업 및 소형 항공운송사업으로 구분된다.

1) 국내 항공운송사업 및 국제 항공운송사업

국내 항공운송사업과 국제 항공운송사업은 타인의 수요에 따라 항공기를 사용해 유상으로 여객이나 화물을 운송하는 사업을 말하며, 이 사업을 위해서는 국토교통부령으로 정하는 일정 규모 이상의 항공기를 이용해 정기 항공편 운항이나 부정기 항공편을 운항하는 사업을 말한다. 이러한 운송사업을 하는 항공운송사업자는 국토교통부 장관으로부터 각각 국내 항공운송사업과 국제 항공운송사업의 면허를 받아야 한다. 국제 항공운송사업을 받은 경우 국내 항공운송사업을 받은 것으로 본다.

국내 항공운송사업 또는 국제 항공운송사업의 면허 기준은 다음과 같다.
- 해당 사업이 항공 교통의 안전에 지장을 줄 염려가 없을 것
- 사업자 간 과당 경쟁의 우려가 없고 해당 사업이 이용자의 편의에 적합할 것
- 면허를 받으려는 자는 일정 기간의 운영비 등 대통령령으로 정하는 기준에 따라 해당 사업을 수행할 수 있는 재무 능력을 갖출 것
- 자본금 50억 원 이상으로서 대통령령으로 정하는 금액 이상일 것
- 항공기 1대 이상 등 대통령령으로 정하는 기준에 적합할 것
- 그 밖에 사업 수행에 필요한 요건으로서 국토교통부령으로 정하는 요건을 갖출 것

국내 항공운송사업 또는 국제 항공운송사업을 경영하려는 자는 정기 항공편을 운항하려는 경우 노선별로 국토교통부 장관의 허가를 받아야 하며, 부정기편 운항을 하려는 경우에도 그에 관한 허가를 받아야 한다.

2) 소형 항공운송사업

소형 항공운송사업이란 타인의 수요에 맞추어 항공기를 사용해 유상으로 여객이나 화물을 운송하는 사업으로서 국내 항공운송사업이나 국제 항공운송사업 외의 항공운송사업을 말한다.

국내 항공운송사업이나 국제 항공운송사업의 경우와 달리 소형 항공운송사업의 경우에는 소형 항공운송사업자가 소형 항공운송사업을 등록해야 한다. 소형 항공운송사업을 등록하려는 자는 다음과 같은 기준의 요건을 갖추어야 한다.

- 자본금 또는 자산평가액이 7억 원 이상으로서 대통령령으로 정하는 금액 이상일 것
- 항공기 1대 이상 등 대통령령으로 정하는 기준에 적합할 것
- 그 밖에 사업 수행에 필요한 요건으로서 국토교통부령으로 정하는 요건을 갖출 것

소형 항공운송사업을 등록한 자가 정기 항공편 운항을 하려면, 운항하려는 노선별로 국토교통부 장관의 허가를 받아야 하며, 부정기 항공편을 운항하려는 경우 국토교통부 장관에게 신고해야 한다. 국내 항공 운송이나 국제 항공 운송의 경우 부정기편 운항도 허가를 받아야 하지만, 소형 항공운송사업의 경우 부정기편 운항에 대해서는 신고만 하면 운항을 할 수 있다는 점에서 차이가 있다.

3) 기타 항공사업

항공운송사업자 외 항공기사용사업, 항공기정비업, 항공기취급업, 항공기대여업, 초경량비행장치사용사업, 상업서류송달업, 항공운송총대리점업, 도심공항터미널업 등이 항공사업법에서 규정된 항공사업의 범위에 규정되어 있는 사업의 형태이다.

항공기사용사업, 항공기정비업, 항공기취급업, 항공기대여업, 초경량비행장치사용사업은 사업 수행을 위해서 소형 항공기운송사업과 마찬가지로 등록을 해야 한다. 반면에 상업서류송달업, 항공운송총대리점업, 도심공항터미널업은 신고만으로도 사업을 수행할 수 있다. 이와 같이 항공사업은 그 유형에 따라 요구되는 행정 절차가 다르다.

2. 공항

우리나라 항공안전법에서는 "공항이란 항공기의 이착륙 및 여객·화물의 운송을 위한 시설과 그 부대시설 및 지원시설 등 공항시설을 갖춘 공공용 비행장으로서 국토교통부 장관이 그 명칭, 구역, 위치를 지정하여 고시한 지역"으로 정의하고 있다. 국제민간항공기구(ICAO)는 공항을 "항공기의 도착, 출발이나 지상 이동을 위해 일부 또는 전체가 사용되는 건물, 시설, 장비 등이 포함된 육지나 수상의 일정 구역"으로 정의하고 비행장(aerodrome)으로 표기했으며, 미연방항공청(FAA)은 "여객이나 화물을 항공기에 싣거나 내리기 위해 정기적으로 이용되는 착륙 지역"으로 정의하고 공항(airport)으로 표기했다.

공항과 비행장을 구분하면, 공항은 항공기가 이착륙하기 위한 시설과 여객이나 화물을 처리할 수 있는 시설까지 포함된 것을 의미하고, 비행장은 항공기가 이착륙하기 위한 시설을 갖춘 장소라고 할 수 있다.

3. 지상조업

지상조업이란 공항에서 항공기 운항을 위해 필요로 하는 지원 업무를 말한다. 포괄적으로는 공항에서 수행되는 승객의 탑승 수속, 수하물 접수, 수하물 탑재 및 하기(下機), 화물의 접수, 보관, 하역, 항공기 급유, 정비, 청소, 운항관리를 위한 별도의 지원 업무 등이 모두 포함된다. 그러나 좁은 의미의 지상조업은 여객의 탑승과 하기를 위한 램프 서비스, 수하물과 화물의 탑재와 하기 서비스, 기내 청소, 기내식 공급, 항공기 세척 등의 업무로 한정할 수 있다.

항공기에 대한 지상조업 업무는 항공운송사업자가 직접 담당하는 경우와 항공기 지상조업체 또는 다른 항공운송사업자에게 위탁해 시행하는 경우가 있다. 유럽 공항에서는 공항 운영자가 지상조업을 직접 수행하는 경우가 있으나, 미국의 공항에서는 항공사 또는 항공사의 자회사 등이 지상조업을 담당하고 있으며, 우리나라를 포함한 아시아 지역의 공항에서는 항공사(또는 항공사의 자회사), 지상조업체가 관련 업무를 수행한다.

지상조업의 업무를 세부적으로 구분하면, 항공기가 지상에 착륙해서 주기장(駐機場)까지 도착할 수 있도록 유도하는 업무와 항공기가 주기장에 머물고 있는 동안 항공기의 점검, 간단한 정비, 여객의 탑승, 하기, 화물의 탑재, 하역, 항공기의 비행을 위한 급유, 지상에서의 동력 지원, 항공기의 청소, 항공기의 기내식 또는 식수의 공급 등이 수행되는 업무를 말한다.

이와 같은 업무는 항공기가 다음 목적지로 운항하기 위해 필수적으로 수행해야 하는 업무로서, 이러한 업무가 원활히 수행되지 않을 경우 항공기 운항이 어려워져 지연이 발생되거나 또는 운항이 불가능해질 수도 있다. 업무의 원활한 수행 여부는 공항의 계류장 운영자가 확인을 하게 되며, 필요 시 계류장 운영상 관련 부서 간의 충분한 협조 체계가 구축되어야 효율적인 조업 업무를 할 수 있다.

[그림 2-1] 항공기 견인

[그림 2-2] 항공기 디아이싱(deicing)

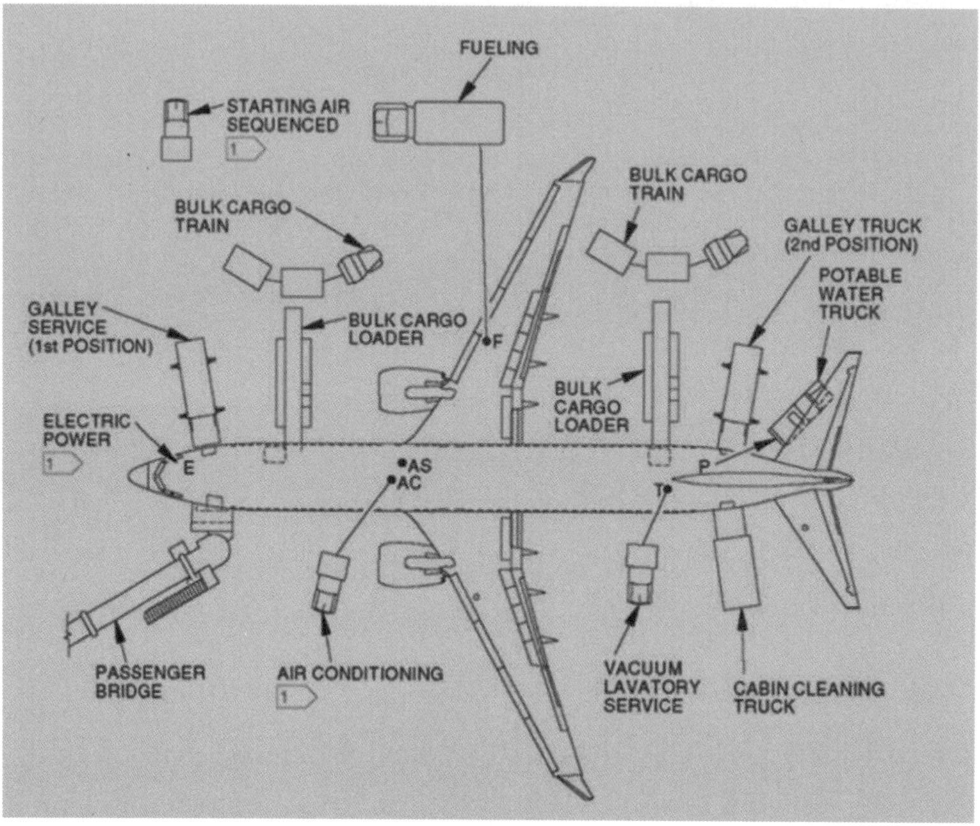

출처 : Boeing 737, Airplane characteristics for airport planning

[그림 2-3] 항공기 지상조업도

제2절 항공산업의 기반

1. 항공기

항공기란 "공기의 반작용으로 뜰 수 있는 기기로서, 지표면 또는 수면에 대한 공기의 반작용으로 뜨는 것은 제외한 것"을 말한다. 종류로는 비행기, 헬리콥터, 비행선, 활공기, 항공우주선 등이 포함되는 것으로 항공안전법에 정하는 다음의 범위를 초과하는 것을 말한다.

- 비행기 또는 헬리콥터로서 사람이 탑승하는 경우에는 최대 이륙 중량(maximum take-off weight: MTOW)이 600kg(수상 비행에 사용하는 경우에는 650kg)을 초과하며, 조종사 좌석을 포함한 탑승 좌석 수가 1개 이상, 엔진이 1개 이상이어야 한다.
- 비행기 또는 헬리콥터로서 사람이 탑승하지 않는 경우 연료의 중량을 제외한 자체 중량이 150kg을 초과하고, 엔진이 1개 이상이어야 한다.
- 사람이 탑승하는 비행선의 경우 엔진이 1개 이상이고, 조종사 좌석을 포함한 탑승 좌석 수가 1개 이상이어야 한다.
- 사람이 탑승하지 않는 비행선의 경우 엔진이 1개 이상이고, 연료를 제외한 자체 중량이 180kg을 초과하거나 비행선의 길이가 20미터를 초과해야 한다.
- 활공기(글라이더)의 경우에는 자체 중량이 70kg을 초과해야 한다.
- 항공우주선은 지구의 대기권 내외를 비행할 수 있는 우주 왕복선과 같은 유인 비행체를 말한다.

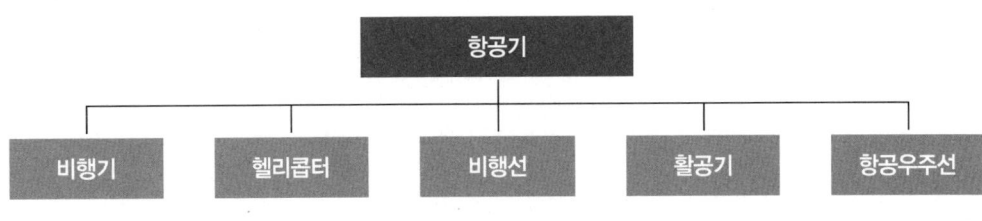

[그림 2-4] 항공기의 종류

2. 공역과 항로

1) 공역

공역(空域, airspace)은 큰 의미에서는 지표면상 특정한 공간을 의미하지만, 좁은 의미로는 항공기의 안전하고 효율적인 비행, 항공사고 발생 시 수색·구조 업무와 이에 필요한 정보의 제공을 위해 국가의 영토 상공인 영공과 공해 상공의 일부 구역을 지정하고 고시된 구역을 의미한다. 공역은 관제탑과 접근관제소 등 항공교통 관제기관의 통제를 받는 관제공역과 항공교통 관제기관의 통제를 받지 않고 항공기가 자율적으로 비행하는 공간은 비관제공역으로 구분할 수 있다.[1] 공역은 3차원으로 개방된 장소인 공간이 아닌, 그 공간 중 비행에 적합한 통제와 안전 조치가 이루어지는 장소라고 할 수 있다.

비행정보구역(flight information reason)은 비행 중인 항공기에 비행정보, 경보 등 항공교통 서비스가 제공되는 일정한 범위의 공역으로 국가별 영토 및 항행 지원 능력을 감안해서 국제민간항공기구(ICAO)의 조정에 따라 각 국가에 할당되는 구역을 말한다. 비행정보구역을 담당하는 기관에서는 담당 구역 내의 비행정보, 항공 사고 발생 시 수색·구조 등의 업무, 비정상 상황에 대한 경보 업무 등을 제공해야 한다.

국제민간항공기구(ICAO)에서는 전 세계 공역을 8개의 큰 권역으로 구분하고, 각 권역마다 지역별 항공회의를 통해 권역 내의 세부적인 비행정보구역을 분할한다. 각 비행정보구역에 대해 국가별로 항공교통 서비스를 제공하는 지역관제센터(Area Control Center: ACC)를 두고 공역을 관리하도록 한다. 우리나라는 인천비행정보구역 및 대구비행정보구역 등 2개의 비행정보구역과 14개의 접근관제구역으로 나누어 관리하고 있다. 우리나라 동쪽으로는 일본의 후쿠오카(福岡)비행정보구역, 서쪽으로는 중국의 상하이(上海)비행정보구역, 북쪽으로는 중국의 선양(瀋陽)비행정보구역 및 북한의 평양비행정보구역과 연결되어 있다.

2) 항공로

항공로(airway)는 공중에서 항공기가 비행할 수 있도록 지정된 통로로서 국토교통부 장관이 항공기 항행에 적합하다고 지정한 지구 표면상에 표시한 길을 말한다. 항공로에는 지상에

---

[1] 우리나라의 경우 공역의 목적상 구분, 관제 업무 제공에 따른 등급 구분 등으로 비관제공역을 항공안전법에서 구분하고 있으나, 실질적으로는 전체 공역이 관제공역으로 운영되고 있음.

⟨표 2-1⟩ 공역의 사용 목적에 따른 구분

구분		내용
관제공역	관제권	비행정보구역 내의 B, C, D 등급 공역 중에서 시계(視界) 및 계기(計器) 비행을 하는 항공기에 대해 항공교통 관제 업무를 제공하는 공역
	관제구	항공로 및 접근관제구역을 포함하는 공역으로 비행정보구역 내의 A, B, C, D, E 등급 공역에서 시계 비행 및 계기 비행을 하는 항공기에 대해 항공교통 관제 업무를 제공하는 공역
	비행장 교통구역	비행정보구역 내의 D 등급에서 시계 비행을 하는 항공기 간에 교통정보를 제공하는 공역
비관제공역	조언구역	항공교통 조언 업무가 제공되도록 지정된 비관제공역
	정보구역	비행정보 업무가 제공되도록 지정된 비관제공역
통제공역	비행금지구역	안전, 국방상 또는 그 밖의 이유로 항공기의 비행을 금지하는 공역
	비행제한구역	항공사격·대공사격 등으로 인한 위험으로부터 항공기의 안전을 보호하거나 그 밖의 이유로 비행 허가를 받지 않은 항공기의 비행을 제공하는 공역
	초경량비행장치 비행제한구역	초경량 비행장치의 비행 안전을 확보하기 위해 초경량 비행장치의 비행활동에 대한 제한이 필요한 공역
주의공역	훈련구역	민간 항공기의 훈련 공역으로서 계기 비행 항공기로부터 분리를 유지할 필요가 있는 공역
	군작전구역	군사작전을 위해 설정된 공역으로서 계기 비행 항공기로부터 분리를 유지할 필요가 있는 공역
	위험구역	항공기의 비행 시 항공기 또는 지상시설물에 대한 위험이 예상되는 공역
	경계구역	대규모 조종사의 훈련이나 비정상 형태의 항공활동이 수행되는 공역

⟨표 2-2⟩ 제공하는 항공교통 업무에 따른 공역의 구분

종류		내용
관제공역	A등급	모든 항공기가 계기 비행해야 하는 공역
	B등급	계기 비행 및 시계 비행을 하는 항공기가 비행 가능하고, 모든 항공기에 분리를 포함한 항공교통 관제 업무가 제공되는 공역
	C등급	모든 항공기에 항공교통 관제 업무가 제공되나, 시계 비행을 하는 항공기 간에는 비행정보 업무만 제공되는 공역
	D등급	모든 항공기에 항공교통 관제 업무가 제공되나, 계기 비행을 하는 항공기와 시계 비행을 하는 항공기 및 시계 비행을 하는 항공기 간에는 비행정보 업무만 제공되는 공역
	E등급	계기 비행을 하는 항공기에 항공교통 관제 업무가 제공되고, 시계 비행을 하는 항공기에 비행정보 업무가 제공되는 공역
비관제공역	F등급	계기 비행을 하는 항공기에 비행정보 업무와 항공교통 조언 업무가 제공되고, 시계 비행 항공기에 비행정보 업무가 제공되는 공역
	G등급	모든 항공기에 비행정보 업무만 제공되는 공역

설치된 항행안전 무선시설의 전파를 이용하거나 특정 지점을 서로 연결해 설정한 선 형태의 공중 통로를 항공로 또는 항로라고 부른다.

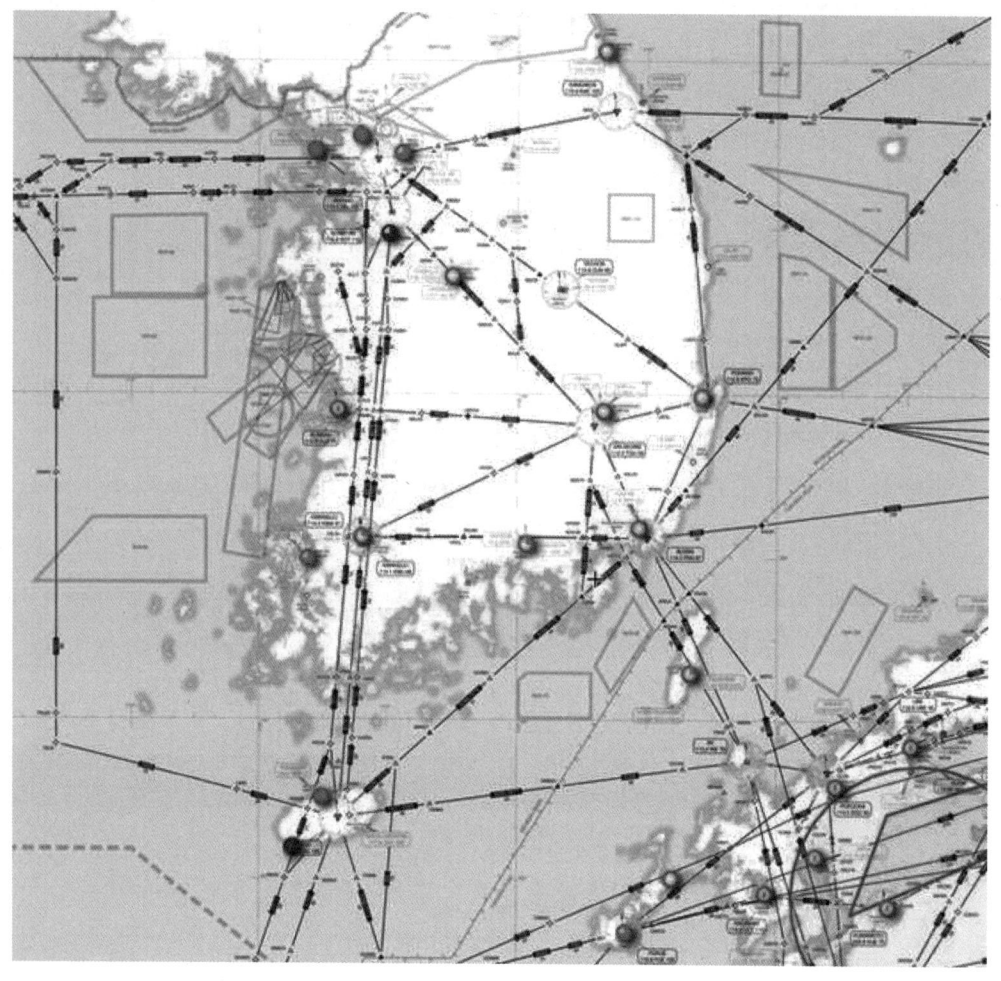

출처 : www.skyvector.com

[그림 2-5] 우리나라 항공로

항공로는 국가별로 설정하고 있으나, 인접 국가와 연결되는 국제 항공로의 경우 각 국가의 동의 및 협의에 따라 국제민간항공기구(ICAO)의 항공항행계획에 수록하는 방법으로 설정한다. 우리나라 항공로에 대해서는 국토교통부 고시에 조언 비행로, 관제 또는 비관제 비행로, 도착 또는 출발 비행로 등 다양한 형태와 명칭으로 식별 부호, 항공로 상의 지점과 지점까지의 경로, 거리, 항공기 운항 시 보고 필요 여부와 주변 장애물을 고려한 최저 안전고도 등으로 표시된 길이라 명시하고 있다.

3. 공항시설

공항에는 법적 정의에 따라 공항시설을 갖추고 있어야 한다. 공항시설은 기본시설과 지원시설로 구분할 수 있으며, 공항시설은 공항 안에 있는 시설과 공항구역 밖에 있는 시설도 포함될 수 있다.

1) 공항의 기본시설

공항의 정의에 따라 항공기가 이착륙하거나, 여객·화물을 처리하기 위한 시설로서, 공항 운영에 필수적인 요소가 되는 시설은 기본시설에 포함된다. 상세하게는 몇 가지의 시설로 구분할 수 있으며, ① 항공기 이착륙을 위한 활주로(runway), 지상 이동을 위한 유도로(taxiway), 항공기의 주기(駐機) 및 작업을 위한 계류장(apron), 활주로 주변에 항공기 사고를 대비해 설정한 안전지대인 착륙대(landing strip) 등이 있고, ② 항공 여객과 화물의 처리를 위한 터미널로 여객의 처리, 수속과 항공기 탑승이 이루어지는 여객청사, 화물의 처리가 이루어지는 화물청사가 있다. ③ 항공기의 안전한 운항을 위한 정보를 제공하는 항행안전 무선시설, 항공등화시설 등의 항행안전시설과 ④ 항공기의 안전한 흐름과 통제를 위한 항공교통관제시설, 관제시설과 항공기 간의 통신을 위한 통신시설 등이 있다. 또한 ⑤ 항공기 운항에 영향을 미칠 수 있는 기상정보 제공을 위한 기상관측시설, 기상 레이더, 관측장비 등이 있으며, ⑥ 공항 이용객을 위한 주차장, 공항시설의 경비보안시설, 이용자 안내 및 홍보시설 등이 있다.

2) 공항의 지원시설

항공기의 운항에 직접적으로 영향을 미치지는 않으나 편리한 운영을 위한 다음과 같은 지원시설이 있다. ① 항공기 운항에 필요한 연료, 윤활유 등의 보관과 공급을 위한 시설, 항공기 지원을 위한 지상조업 장비 등의 시설, 항공기 정비 등을 위한 정비시설과 격납고 등이 있

출처 : 인천국제공항공사.

[그림 2-6] 인천공항 여객청사 조감도

고, ② 공항시설을 관리하기 위한 유지·보수 시설, 여객과 공항 이용객을 위한 의료시설, 항공기 및 시설의 화재 발생에 대비한 소방시설, 항공기 탑승객에게 제공할 기내식 제조시설, 건물 및 시설 운영에 필수적인 전력·냉난방·상하수도 시설 등이 있다. ③ 공항 이용객의 쾌적성과 만족도 향상을 위한 조경시설, 편의를 위한 휴식시설, 숙박시설과 근무자를 위한 복지시설이 있으며, ④ 공항 인근에 화물을 보관하기 위한 창고시설, 화물과 물품의 처리 업무를 위한 사무실 등이 있다. ⑤ 공항 운영관리를 위한 기타 부속시설 및 보호시설과 ⑥ 공항구역 외에서 항공 여객과 화물 처리의 편의를 제공하기 위해 설치되어 운영되는 도심공항터미널 시설, 기타 국토교통부 장관이 공항의 운영·관리에 필요하다고 인정하는 시설이 있다.

4. 항행안전시설

항행안전시설은 무선통신, 유선통신, 불빛, 색채, 형상 등을 이용해 항공기 항행을 돕기 위한 시설로서, 전파를 이용한 항공기 항행 지원을 위한 항행안전 무선시설, 불빛을 이용한 항공기 항행 지원을 위한 항공등화시설, 전기통신을 이용해 필요한 정보 전달과 교환을 위한 항공정보 통신시설 등이 있다.

국내에서 운영되는 항행안전 무선시설은 전방향 무선표지시설(VOR), 거리측정시설(DME), 정밀계기 착륙시설(ILS), 레이더(RADAR)시설, 전술항행 표지시설(TACAN), 위성항법시설(GNSS) 등의 다양한 종류가 있으며, 국내에서 운영되지는 않지만 국제적으로 표준장비인 무지향 표지시설(NDB) 등이 있다.

출처 : www.wikipedia.org   출처 : www.wikipedia.org

[그림 2-7] VOR 지상국   [그림 2-8] 공항감시 레이더 안테나

항공등화시설은 야간이나 저시정(低視程) 등으로 기상 상태가 좋지 않은 주간에 불빛에 의해 항공기의 항행과 착륙을 지원하기 위한 항행안전시설로서, 비행장의 위치, 활주로의 위치 및 거리, 착륙하는 항공기에 착륙 방향이나 진입 각도를 알려 주는 시설 등이 있다. 실제로 항공등화시설은 용도에 따라 40여 가지의 시설이 있으며, 공항 지면에서는 활주로, 유도로 등에 따라 구역을 구분하기 위해 색깔 등으로 구분되어 있거나 시각적 정보를 다양하게 제공하기 위한 시설 등이 포함되어 있다.

항공정보 통신시설은 통신을 이용해 항공교통 업무에 필요한 정보를 교환하거나 제공하기 위한 시설로서 항공기와 지상과의 교신을 위한 항공이동 통신시설, 지상의 시설 간 교신을 위한 항공고정 통신시설, 지상에서 항공기 등에서 일방적인 정보 제공을 위한 항공정보 방송시설 등으로 구분된다.

제3절 항공종사자

1. 항공종사자의 의미

　어떠한 직업에 종사하거나 또는 해당 업무를 수행하기 위해서 일정한 수준 이상의 지식을 요구하고 이를 확인하기 위한 자격 또는 면허를 요구하는 경우가 있다. 항공기 운항과 관련된 업무 중 안전과 직접적으로 연관된 업무의 경우 국제적으로 공통된 자격을 요구하는 경우가 있으며, 이러한 업무를 법적으로 정의된 항공 업무[2]라 한다.
　항공 업무를 하는 사람은 국제민간항공협약에서 규정한 자격 증명을 취득하도록 하고 있으며, 정부에서 해당 자격의 취득을 관리하는 하는 사람에 대해 항공종사자라고 정의한다. 이때 취득한 자격 증명은 항공 업무에 종사하는 자가 해당 업무에 수행하는 데 필요한 능력과 지식을 갖고 있다는 국가가 인정하는 증명이라고 할 수 있다. 즉, 항공종사자란 항공안전법에 따른 항공종사자 자격 증명을 받은 사람을 말하며, 항공 업무에 종사하는 사람은 정부로부터 항공종사자 자격 증명을 받도록 하고 있다.
　우리나라에서는 항공종사자 자격 증명을 1. 운송용 조종사, 2. 사업용 조종사, 3. 자가용 조종사, 4. 부조종사, 5. 항공사, 6. 항공기관사, 7. 항공교통관제사, 8. 항공정비사, 9. 운항관리사 등으로 구분하고 있다. 자격 증명을 받은 사람은 해당 자격 증명의 종류에 대한 항공

---

[2] 항공안전법 제2조 제5호 정의
- 항공기 운항 업무(무선설비 조작을 포함, 항공기 조종 연습은 제외)
- 항공교통 관제 업무(무선설비의 조작을 포함, 항공교통 관제 연습은 제외)
- 항공기의 운항관리 업무
- 정비·수리·개조된 항공기·발동기·프로펠러, 장비품 또는 부품에 대해 안전하게 운용할 수 있는 성능(감항성)이 있는지 확인하는 업무

업무 이외의 업무에 대해서는 수행하면 안 된다.

최근에는 항공기의 시스템이 발전함에 따라 항공기 운항을 위한 업무 중 일부는 탑재된 항공전자장비 및 항법장비 등이 역할을 대신해 조종사가 항공기를 적절히 통제할 수 있게 되어 일부 항공종사자의 역할이 감소하는 등 사실상 해당 자격의 취득 필요성이 없어지고 있다.

2. 조종사 (운송용, 사업용, 자가용)

항공 업무 종사자 중 항공기를 직접 조종하는 사람을 조종사 또는 파일럿(pilot)이라고 한다. 민간 항공에 종사하는 경우 국토교통부 장관으로부터 항공기 조종 업무에 대해 지식과 능력을 확인받아 조종사 자격을 취득한다. 자격 취득을 위해서는 조종사의 업무 범위에 따라 운송용 조종사, 사업용 조종사, 자가용 조종사, 부조종사의 자격 구분에 따르는 학과시험과 실기시험에 합격하고 자격 인정을 받아야 한다. 자격을 취득한 조종사는 자격 인정을 받은 항공기의 종류·등급·형식에 맞는 항공기만 조종할 수 있다.

조종사 자격에 따른 업무 범위를 구분하면, 운송용 조종사는 항공기에 탑승해 항공운송사업 목적의 항공기를 조종하는 것과 사업용 조종사 자격자가 할 수 있는 것을 할 수 있으며, 사업용 조종사는 항공기에 탑승해 자가용 조종사가 할 수 있는 것, 보수를 받고 무상 운항하는 항공기를 조종하는 것, 항공기사용사업에 사용되는 항공기를 조종하는 것, 항공운송사업용 항공기 중 조종사가 1명만 탑승하게 되는 항공기를 조종하는 것, 기장 외의 조종사로 항공운송사업용 항공기를 조종하는 것을 할 수 있다. 자가용 조종사는 항공기에 탑승해 보수를 받지 않고 무상 운항하는 항공기를 조종할 수 있으며, 부조종사는 항공기에 탑승해 기장 외의 조종사로서 항공기를 조종하는 것과 자가용 조종사 자격자가 할 수 있는 것을 할 수 있다.

조종사는 항공기를 조종하는 데 적절한 신체 상태임을 확인하기 위해, 해당 업무가 가능한지 확인받은 항공종사자 신체검사증명서도 소지해야 한다. 신체검사증명서가 없거나 유효기간이 지난 경우 또는 제약 조건을 만족하지 못한 경우 항공기 운항 업무를 수행하는 것은 불가능하다. 또한 조종사는 조종사 자격 증명 이외에 필요에 따라 규정된 한계 업무를 수행하기 위해서 계기 비행 증명, 조종 교육 증명, 기종 한정 증명 등과 같은 추가적인 자격 취득이 필요하다. 또한, 국제선 업무에 종사하는 조종사는 국제민간항공기구(ICAO)에서 요구하는 일정 수준 이상의 영어 능력이 있음을 확인받은 별도의 자격도 필요하다.

3. 항공교통관제사

도로에서는 신호등과 필요한 경우 수행하는 경찰관의 수신호가 교통의 흐름과 안전을 책임지는데, 공중에서는 이러한 업무를 수행하는 사람이 항공교통관제사이다. 항공교통관제사는 항공교통의 안전, 신속, 질서 유지를 위해 항공교통 관제기관에서 항공기 운항을 관제하는 업무를 하는 사람을 말한다. 즉, 항공기가 비행하는 과정에서 항공기와 항공기 간, 항공기와 장애물 간, 항공기와 지상 장비 사이에 사고가 일어나지 않도록 충돌을 방지하는 업무와 출발지 공항에서 목적지 공항까지 비행하는 데 효율적인 비행을 위한 교통을 정리하는 업무를 수행하는 사람을 말하는 것으로, 사고가 일어나지 않도록 예방하고 효과적인 항공기 흐름을 위한 업무를 하는 것이 가장 큰 목적이다.

항공교통관제사도 조종사와 동일하게 해당 항공 업무에 종사하는 데 적절한 신체 상태임을 확인받은 항공 종사자 신체검사증명서를 소지해야 하며, 국제선 업무에 투입된 항공기에 대한 관제를 수행하기 위해서는 국제민간항공기구(ICAO)에서 요구하는 일정 수준 이상의 영어 능력이 있음을 확인받은 별도의 자격도 필요하다.

4. 항공정비사

항공기, 엔진, 항공기의 장비품 및 부품은 비행이 가능한 상태인 감항성(堪航性, airworthiness)이 유지된 상태에서 비행에 사용되어야 한다. 항공정비사는 항공기 및 엔진, 프로펠러와 같은 장비품, 부품이 항공기 기술 기준에 적합하다는 확인 업무를 수행하는 사람을 말한다. 즉, 항공기를 정비 또는 개조한 후 항공에 사용할 수 있는지 최종 확인하거나 또는 직접 정비 작업을 할 수 있다. 정비사에 의해 수행된 작업 내역과 작업된 상태에 대한 정비 결과를 항공안전법에 의한 정비문서에 기록해 항공기의 감항성이 유지되는지에 대한 정비 결과를 보증하는 업무를 수행한다.

항공정비사는 항공기 대수가 많지 않은 항공사에서 운송용 대형 항공기가 아닌 경우에는 항공기 취급부터 정비 업무까지의 주요 정비 작업 및 검사 등 항공기 전체에 대한 여러 가지 정비 관련 업무를 수행한다. 그러나 항공기 보유 대수가 많고 정비 인원이 많은 대형 항공사의 경우 정비사의 업무도 정비 분야에 따라 구분해 기체, 기관, 전기전자 계기로 나누어 정비 작업을 수행한다. 항공기 제작사에서 별도로 규정한 경우 세부적 정비 업무에 대해서 제작사 자체적으로 업무 자격을 두는 경우도 있으나, 이는 법적인 항공종사자 자격이 있는 정비사의 업무 중 정비 확인 및 보증 업무에 해당하는 것이라 할 수 있다. 일부 대형 항공사의 경우 실제 항공기에 대한 정비 업무를 행하는 정비사 이외 정비에 대한 계획과 정비의 적정성 보장을 위한 품질관리 업무를 수행하는 담당자 등을 두기도 한다.

5. 운항관리사

항공 운송 업무에 사용되는 항공기 및 국제선 운항을 위한 항공기 등은 항공기의 안전 운항과 경제적 운항을 위한 비행계획의 작성·변경, 항공기 중량 배분의 산출, 연료 소비량의 산출 등의 업무를 위한 조종사 이외의 별도의 항공종사자가 필요하다. 항공안전법에서는 3대 이상의 항공기를 보유한 항공사, 최대 이륙 중량이 5,700kg을 초과한 항공기를 보유한 경우, 승객 좌석 수가 9석 이상인 항공기를 보유한 경우, 터빈 엔진(제트 엔진)을 장착한 항공기를 보유한 업체는 운항관리사를 두어야 한다. 운항관리사의 업무가 필요한 항공사에서 항공기 운항을 위해 항공기를 출발시키거나 비행계획을 변경하려는 경우 운항관리사의 승인을 받아야 한다.

운항관리사는 비행의 안전성을 바탕으로 정시적 운항, 경제적 운항, 쾌적한 운항을 위한 목표로 업무를 수행하고 있으며, 이를 위해서 비행 안전에 영향을 미치는 기상 현상 및 잠재적 위험 요소를 분석하고 평가해 최적 운항이 가능한 경로의 산출 또는 필요 시 회피 경로의 산출 등을 수행한다. 이때 필요한 제한 사항 적용, 기상 조건 확인, 기종별 연료 계산, 법정 연료 충족 등을 고려해 전체 비행 과정에서의 적정성 여부를 확인해 항공기의 이륙부터 착륙까지 비행 과정에서 안전한 비행이 가능하도록 하는 업무를 수행한다. 따라서 실질적으로 항공 운송 업무에 사용되는 항공기는 운항관리사가 법적인 권한을 부여해야만 비행을 시작할 수 있으며, 장거리 노선의 중간 확인 및 6시간 이상 중간 기착한 공항에서 비행을 계획할 경우에도 운항관리사가 법적인 권한은 부여해야만 비행할 수 있다.

항공운송사업에 투입된 항공기가 비행에 계속되는 동안에도 기상 상태의 변화, 항공기 위치 보고, 항로상의 여건 변화를 확인하고, 비행 조건 및 비행계획의 변화가 필요한 경우 운항 중인 조종사에서 전달해 안전하고 경제적인 정시 운항을 달성할 수 있는 업무를 수행하기도 한다. 이러한 중요한 업무 수행을 위해 항공종사자 자격 보유 조건 이외 실제 업무를 위한 지속적인 교육과 평가 후 실제 업무 수행이 가능하다.

6. 항공사 및 항공기관사

항공사는 항공기에 탑승해 항공기 위치 측정, 항로의 확인, 항공 업무에 필요한 항법 자료를 산출하는 것을 하는 사람으로 항공운송사업자인 항공사(airline)와는 다른 항법(navigation) 업무를 수행하는 항공종사자를 말한다.

〈표 2-3〉 항공종사자 자격 증명 취득자 수(2004~2018년)

(단위 : 명)

연도	조종사			항공기관사	항공정비사	항공교통관제사	운항관리사
	자가용	사업용	운송용				
2018	550	1,544	386	0	1,142	83	85
2017	572	1,460	404	0	1,290	139	85
2016	581	1,227	437	0	945	101	89
2015	601	1,014	374	0	828	81	70
2014	493	867	306	0	709	87	62
2013	431	783	270	0	615	79	63
2012	391	598	361	0	497	73	86
2011	380	379	264	0	388	89	59
2010	364	307	261	1	516	46	58
2009	258	408	240	3	611	63	84
2008	386	375	317	0	601	86	73
2007	355	438	342	0	470	108	46
2006	340	445	309	1	362	124	28
2005	257	371	76	0	443	148	33
2004	32	381	37	0	502	95	24

항공기관사는 항공기에 탑승해 엔진 및 항공기 기체 시스템을 취급하는 업무를 하는 항공종사자를 말한다.

최근 개발된 항공기 또는 현대화된 항공기는 항공전자장비, 항법장비 및 엔진 시스템 등이 개선되고 자동화되면서, 조종사가 항공기의 모든 시스템을 파악하고 통제하는 것이 가능하게 됨으로써 항공사 및 항공기관사의 항공기 탑승 업무가 필요하지 않게 되었다.

토론 과제

1. 공항에서 일할 수 있는 직업에 대해 알아보시오.
2. 공항과 관련된 직장에 대해 알아보시오.
3. 공항과 관련된 회사를 찾아보시오.

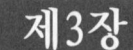

공항 업무

이 장에서는 공항의 개념, 기능과 공항 운영의 특성, 공항의 관리 및 운영 형태에 대해 알아보고, 일반업무지역과 운항지역 등 공항의 구조와 발생 업무에 대해 살펴본다.

제1절 공항의 개념과 운영

1. 공항의 기능

공항은 항공교통 수단의 지상 부분으로 공중에서 이루어지는 업무와 지상에서 이루어지는 업무의 연결이 이루어지는 곳이다. 항공교통의 세 가지 기본 요소인 공항, 항공사 및 이용자가 상호작용을 하는 장소로서, 공항의 기능, 관리, 운영이 성공적으로 수행되려면 세 가지 요소가 잘 연결될 수 있도록 하는 것이 필요하다.

항공기의 이륙, 착륙, 지상 이동에 활용할 목적으로 설치된 육상 또는 수상의 일정 구역은 비행장이며, 이들 비행장 중에 여객 및 화물을 처리할 목적의 시설이 설치된 공공용 비행장을 공항이라 한다. 따라서 공항은 단순히 운송 목적 항공기의 출발 및 도착이 이루어지는 장소가 아니고, 항공 운송에 필요한 여객 및 화물의 처리시설, 항공기의 급유 및 정비시설, 세관·출입국관리사무소·검역시설 등의 공공시설, 항공기 안전 운항에 연관된 항공보안시설 등이 모두 포함된다. 항공교통의 요소가 다양한 시설과 범위를 적절히 연결된 업무는 매우 복잡한 상태이지만, 주요 구성 요소의 활동을 핵심적 요소를 기준으로 공항의 고유 기능과 파생 기능으로 구분할 수 있다.

1) 공항의 고유 기능

공항의 고유 기능은 항공기 운항, 여객 운송, 화물 운송으로 나눌 수 있다.

항공기 운항을 위해서는 항공기의 이륙 및 착륙을 위한 장소와 시설을 제공하는 것으로 활주로, 유도로, 계류장, 착륙대 등의 기본 시설과 항공교통관제시설, 항행안전 무선시설, 항공등화시설 등의 항행안전시설, 격납고, 정비시설, 기내식시설, 동력시설, 급유시설 등 항공기 정비와 지상조업 등을 통해 항공의 운항을 지원하는 기능을 말한다.

여객 운송을 위해서는 여객이 항공기를 이용한 여행을 위해 출발지, 도착지 또는 중간 기착지에서 항공기에 탑승하거나 항공기에서 내릴 수 있는 시설, 휴식을 취하기 위한 시설, 음식을 위한 시설 등을 갖추어 항공 여행을 위한 서비스를 제공하기 위한 기능을 말한다.

화물 운송을 위해서는 화물을 항공기로 운송하기 위해 출발지, 도착지 또는 중간 기착지에서 항공기에 탑재하거나 항공기에서 내릴 수 있는 시설, 화물의 보관 및 통관시설을 갖추어 항공화물의 수송, 보관, 통관 서비스를 제공하기 위한 기능을 말한다.

2) 공항의 파생 기능

여객 및 화물의 수송이 이루어지는 직접 기능 외 공항으로 인해 주변 지역 또는 국가에 영향을 주는 다양한 파생 기능이 있다.

공항시설은 국가의 사회간접자본시설로서 항공교통을 이용한 물류 수송을 원활하고 신속하게 함으로써 항공운송산업을 발전시키고, 국가 경제 발전을 촉진시키는 경제적인 기능을 가지고 있다. 공항은 지역과 지역 사이 또는 국가와 국가 사이의 관광과 교류를 촉진시켜 국가 간의 우호 증진, 지역 간의 이해 증진은 물론 사람의 행동이나 생각을 세계적 또는 범국가적 규모로 확대하고 통합하는 사회·문화적 기능을 가지고 있다. 공항의 건설과 운영에는 기계, 전기, 전자, 통신, 토목, 건축, 환경 분야 등의 첨단 과학 기술이 필요하다. 이에 공항을 건설하고 운영하는 것이 이들 분야의 기술 발전에 영향을 미칠 뿐만 아니라, 항행안전시설, 기상정보시설, 공항 운영 시스템, 항공교통관제 등의 기술 분야도 함께 발전시키는 기능을 가지고 있다. 공항에서 이루어지는 항공 운송 서비스는 상호 보완 관계 또는 연결 관계에 있는 해상 운송, 육상도로 운송, 철도 운송, 고속철도 운송 등 다른 교통 수단의 기술 개발을 촉진하고, 다른 교통 수단과 연계 또는 활용을 통해 관련 설비나 서비스를 향상시키는 기능을 가지고 있다.

3) 공항의 역기능

공항은 기본 기능과 파생 기능과 같은 긍정적인 순기능만 있는 것은 아니다. 공항을 건설하고 운영하는 과정에서 불편하거나 문제가 되는 역기능으로 작용하기도 하는데, 항공기 소음, 진동, 대기오염, 수질오염, 환경 파괴, 생활 터전의 상실, 지역사회의 불편, 공항을 중심으로 한 지역의 편중된 개발 등이 악영향을 미칠 수 있다.

2. 공항 운영 특성

공항은 사람 및 화물의 수송과 물류 기지로서의 기능, 항공기 운항 기지로서의 기능뿐만 아니라 국가의 상징적 관문 역할을 한다. 이러한 기능과 상징성의 역할 이외에도 공항의 개발, 건설, 운영에 따라 파생적으로 여러 가지 효과를 가지고 있다.

공항 운영은 공항의 다양한 기능을 수행하기 위해 공항 운영자 외 민간기업, 공기업, 정부가 복합된 임무를 수행해야 하는 복합산업체이다. 공항 운영은 여객, 화물 등 공항 이용자, 공항시설을 관리하는 공항 운영자, 여객과 화물을 수송하는 항공사 등 핵심적인 3자 서로 간에 긴밀한 협조가 필요하다.

〈표 3-1〉 공항 운영 관련 유관 기관 및 담당 업무

	기관명	담당 업무		기관명	담당 업무
민간기업	항공사	항공기 운항	정부	법무부	출입국관리
	지상조업체	항공기 지원		검역소	검역
	구내 업체	음식점, 면세점, 판매점, 광고		농림축산식품부	동·식물 검역
	외부 업체	유지 보수, 기타 외주		경찰청	경비, 보안
	관광협회	관광 안내		검찰청	마약 단속
공기업	공항공사	공항 운영		국가정보원	안전, 대공
	관광공사	면세점 운영		국군기무사	군인정보관리
정부	국토교통부	운항, 관제		문화재청	문화재 반출 심사
	관세청	세관 업무		지식경제부	우체국 업무

3. 공항의 관리 및 운영 형태

1) 정부 소유 및 관리

공항의 관리와 운영 형태는 공항을 소유하고 관리하는 주체에 따라 차이가 나며, 이러한 차이는 나라마다 또는 공항마다 다른 형태를 보인다. 공항 개발과 운영에는 대규모의 자금이 소요되므로 대부분의 공항은 중앙정부나 지방정부가 소유하고 관리하는 형태이다.

정부가 공항을 소유 및 관리하는 국가의 경우 교통 관련 정책을 담당하는 부처나 민간 항공을 담당하는 부처에서 공항을 운영하고 있다. 다만, 일부 국가에서는 국방을 담당하는 부처에서 공항을 운영하는 경우도 있다. 정부가 운영하는 경우 공항의 관제 업무, 기상 업무, 항행안전시설 관련 업무도 정부가 책임을 맡고 있는 경우가 대부분이다.

정부가 공항을 소유 및 관리하는 경우는 대부분의 공항에서 항공기 이착륙, 여객 처리 등의 공항의 기본적 기능으로 운영의 흑자를 달성하지 못하게 되는 경우이다. 공항의 개발 및 운영은 이전에 설명한 것과 같이 많은 자금이 필요한 것으로서, 적절한 수익이 보장되지 못하는 경우 민간 영역에서 직접 공항을 개발하고 운영하기가 쉽지 않다. 캐나다의 경우도 캐

나다 전역에 있는 130여 개의 공항 중 지방정부 또는 시정부 등이 운영하는 몇 개의 공항을 제외한 대부분의 공항을 연방정부가 소유하고 있는데, 이는 캐나다 전체 공항 중 흑자 운영되는 공항이 적기 때문이다.

2) 정부 소유 및 공공법인 관리

정부가 공항의 소유권을 가지고 있지만, 공항이 자체적 경영을 통해 운영의 효율화를 추구해 좀 더 잘 관리하거나 운영할 수 있다. 이러한 형태가 정부가 공항의 소유권을 가지나, 공항을 운영·관리하는 공단 또는 공사와 같은 형태의 공공법인을 통해 관리하는 형태이다.

공항을 관리·운영하는 형태는 국가별로 다를 수 있으나, 기본적인 형태는 정부의 통제나 관여를 적게 하는 것이다. 이러한 것은 공항 운영의 전문화와 효율화를 위해 공항 운영을 위한 별도의 계획을 수립하고 전문적인 운영을 위한 국가법인 또는 공공법인을 설립함으로써 가능해진다. 영국이나 독일의 규모가 큰 공항의 경우 공항공단의 형태로 공항을 운영한다. 이 경우 공항의 법적인 형태가 모든 주식을 정부에서 소유하고 있으나, 운영은 기업 형태로 운영되는 것을 말한다.

우리나라의 경우 공항을 운영하기 위한 전문 공기업이 설립되어 운영하고 있다. 우리나라는 과거 공항을 운영하기 위한 전문 공공법인인 한국공항공단을 설립해 우리나라 전역의 공항을 운영 및 관리했으나, 인천국제공항이 개항하는 시기에 맞추어 공단의 형태가 공사의 형태로 변경되어 공항을 운영했다. 2001년 개항된 인천국제공항은 하나의 공항만 운영하기 위한 별도의 법인인 인천국제공항공사를 설립해 운영하고, 기존 우리나라 공항의 운영을 담당하던 한국공항공단은 한국공항공사로 법인의 성격을 바꾸었다. 공단은 공사보다 더 공공적 목적의 운영이 가능한 형태이나, 공항 운영의 효율화와 자율화를 위해 운영의 형태를 민간기업화한 것으로 볼 수 있다.

3) 공공 및 민간 혼합 관리

유럽과 미국의 일부 공항의 경우 공항의 소유와 운영에서 공공 부문과 민간 부문을 혼합한 상태로 운영되기도 한다. 유럽에서는 공항 운영을 위한 회사의 지분을 항공사, 다른 공항, 정부 등이 공동 소유해 운항하는 형태가 있는데, 이때 지분을 소유한 다른 공항은 정부에서 운영하거나 정부의 공공법인이 운영하는 형태가 있을 수 있다.

미국에는 다른 지역과 다른 공항의 형태가 있는데, 공항의 소유와 운영은 정부 또는 공공 부문에서 담당하지만, 공항 내의 청사는 항공사 등의 민간기업이 건설하고 운영하는 형태이다. 실제적으로 미국의 경우 대형 항공사별로 주요 허브 공항(airline hub, 거점 공항)을 지정해서 운영하는 경우가 있다. 이러한 공항의 특성으로는 특정 터미널의 경우 또는 공항의 전체를 하나의 항공사 항공 편만 위주로 운영되는 형태가 있다. 이때 공항의 전체적인 운영은 운영을 담당하는 조직인 정부나 공공법인 등이 담당하나 해당 항공사의 터미널 세부적 운영은 항공사가 직접 통제하게 된다. 항공사는 터미널의 모든 자원을 자율적으로 운영할 수 있는 권한을 가지고 효율적인 운영을 하게 되므로,[1] 더 많은 비행 편의 처리와 승객의 처리가 가능한 기반이 된다. 우리나라 대한항공의 경우도 미국 LA공항, JFK공항 등에서 화물 터미널을 소유하고 직접 운영한다.

민간 영역에서 공항의 터미널을 직접 소유하고 운영하는 경우 보통 터미널의 건설부터 담당하게 되어, 전체 공항을 소유하게 되는 정부나 공공법인 입장에서는 공항 개발에 투입되는 자금을 줄이고 공항을 확장할 수 있는 형태가 된다. 다만, 이러한 경우라도 직접 개발에 참여하는 민간기업이나 항공사의 공유 해당 시설물을 일정 기간 자유롭게 사용한 후 정부 등에 기부채납하는 형태 또는 건물의 사용 면적에 대한 임대료를 납부하는 등의 형태로 하고 있어, 공공 운송 자원에 대해 무분별한 민간 영역의 참여로 인한 폐해를 방지하고 있다.

〈표 3-1〉 공항 운영 형태의 예시 비교

구분	정부 운영	민간 운영
개발전략	수용 능력 확보 주력	항공 수요 대비 노력
운영 목표	수송력 확보, 대표성 추구	수익 증대 추구
위험 요소	투자비 과다	제한된 수용 능력
기회 요소	미래 확장성 대비, 공간 확보	높은 수익성
결과 / 필요 사항	정부 추가 세금 필요, 국민의 납세 부담 증가	공항 투자자의 채무 발생

---

[1] 미국 대형 공항의 경우 항공기 탑승을 위한 탑승구와 탑승 시간이 매우 자주 바뀌게 되는데, 이러한 원인이 영향을 미침.

4) 민간 소유 및 관리

현재까지 공항의 민간 소유는 대부분 규모가 매우 제한적이며, 작은 공항에 한정되어 있다. 일반적으로 경비행장과 같은 형태나, 규모가 작은 정기편의 운항이 있는 일부 소형 공항의 경우 민간이 소유하고 관리하는 경우가 있다. 최근에 일부 국가에서는 대형 공항의 경우도 민영화를 통해 민간 소유 및 관리를 추진해 적용한 경우도 있다. 다만, 이러한 경우 대규모의 자원과 자금이 필요한 항공교통에서 공공성의 확보에 대해 사전에 대비가 필요하다.

제2절 공항의 구조 및 발생 업무

공항은 크게 랜드사이드(land side)와 에어사이드(air side)로 구분한다. 랜드사이드는 구내도로, 주차장, 여객청사, 화물청사 등 여객이나 수하물, 화물을 안전하고 신속하게 처리하기 위한 또는 출발·도착시키기 위한 기본적 업무를 수행하는 장소이며, 여객의 탑승 수속시설, 대기시설, 교통시설, 기타 서비스시설이 설치된 장소이다. 에어사이드는 활주로, 유도로, 주기장, 계류장 시설과 공역을 관리하는 항공교통 관제시스템, 항행안전시설, 항공기 격납고 등이 설치되어 있는 지역으로, 항공기에 여객의 탑승이나 탑재, 항공기로부터 여객이나 화물을 내리기 위한 지상조업, 항공기의 지상 이동, 항공기의 이착륙 등이 이루어지는 장소이다.

에어사이드는 일반인의 출입이 통제되는 지역으로 항공기를 탑승하기 위한 목적의 승객이나 사전에 출입이 인가된 직원이 별도의 보안 검색을 마친 후 출입할 수 있는 지역이고, 랜드사이드는 여객의 환송영객, 상주 직원 등 공항을 방문하는 모든 사람에게 개방되는 구역으로 출입이 자유로운 곳이다.

여객 또는 화물과 항공기 등이 공항을 이용하는 순서를 도식화하면 [그림 3-1]과 같다. 공항에서는 여객이나 화물이 항공기에 탑승하기 위해 연결되는 부분과 항공기를 실제로 운영하기 위한 부분으로 크게 구분할 수 있다. 다만, 운항지역과 일반업무지역의 구분은 항공기의 출입 가능 여부에 따라 구분하는 것이 아닌, 실제 항공기를 이용하기 위한 탑승 목적으로의 업무가 이루어지는지 여부에 따라 구분해야 한다.

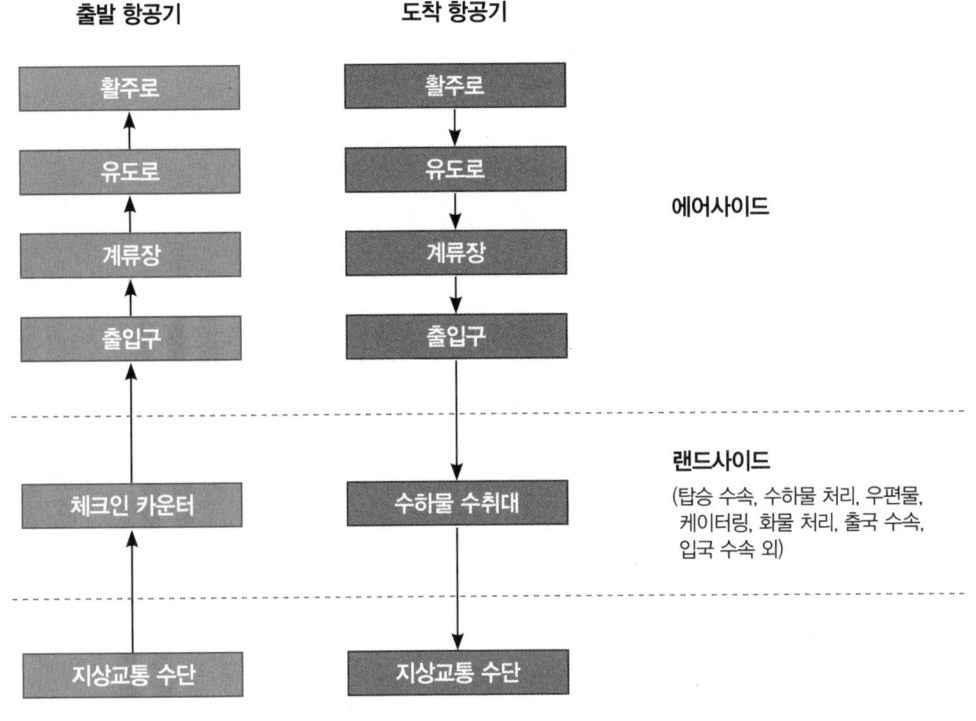

[그림 3-1] 공항의 주요 업무 흐름도

1. 랜드사이드

1) 접근 교통

공항의 접근 교통은 항공 여객, 환영객, 환송객, 공항 상주 직원, 지역주민 등 공항 이용객이 쉽고 편리하게 공항으로 접근하는 문제로서 교통비용과 접근의 용이성 등이 중요 사항이다.

공항으로 접근하는 데 이용되는 교통 수단의 선택에 영향을 미치는 지상 접근 교통의 요소로는 교통 수단의 운임과 이용의 편리성 및 안락성이 고려된다. 공항의 접근이 쉽고 비용이 낮아지기 위해서는 지하철, 버스, 철도 등 대중교통 수단이 다양해야 하고, 운행 횟수가 많아서 운행 간격이 짧아야 한다. 또한 항공기 운항 시간 전과 운항 시간 종료 후에도 공항 이용객이 불편 없이 이용할 수 있어야 한다. 다만, 차량을 이용한 직접적인 공항으로의 접근은 항공기를 이용한 여객에 한정해야 할 필요가 있다. 이를 위해서 이용객이 많은 대형 공항은 공항에 접근하는 별도의 구분된 고속도로를 건설하고, 일정 수준 이상의 통행료를 징수하는 형태로 항공기 이용의 편리성에 도움을 준다. 지상 접근 교통의 혼잡이나 접근의 불편이 공항 운영에 막대한 영향을 미칠 수 있다. 이를 위해서 공항 운영자는 적절한 계획과 지원이 필요하다.

출처 : www.copenhagen-travel.tips
[그림 3-2] 공항 지상교통 수단 안내 표지

출처 : www.wikipedia.com
[그림 3-3] 공항철도

공항에 도착한 차량이 여객청사에 쉽게 도착하고, 편리하게 공항을 이용하기 위해서는 공항의 구내도로 시스템이 잘 구비되어 있어야 한다. 공항의 구내도로 형태와 표지판은 공항에 처음 오는 사람들도 쉽게 알아볼 수 있도록 식별이 용이해야 하며, 여객이 집중되는 시간대에는 구내도로의 질서와 신호 체계 등에 효율적인 관리가 이루어지도록 해야 한다. 여객청사에 위치한 구내도로를 설치된 도로의 형태로 이름을 붙여 커브 사이드(curve side)라 한다. 일반적으로 여객청사의 커브 사이드는 차량 혼잡을 감소할 목적으로 일방통행으로 구성하며, 이용객이 많은 경우 버스, 택시, 자가용, 승용차 등의 이용 도로를 구분하기도 한다. 항공 운송을 이용하는 다른 주체인 화물의 경우, 여객의 혼잡 감소를 위해 여객청사와는 구분된 별도의 화물청사를 구성하고, 위치시키기도 한다.

공항에 도착한 차량의 주차를 위한 주차장은 차량이 주차장으로 진입하는 데 불편이 없어야 하고, 공항이 혼잡한 시간에도 차량의 진출입이 용이하도록 운영되어야 한다. 장애인과 고령자와 같이 주차 약자와 공항 이용자의 이용 편리성이 보장되며, 또한 혼잡 감소를 위한

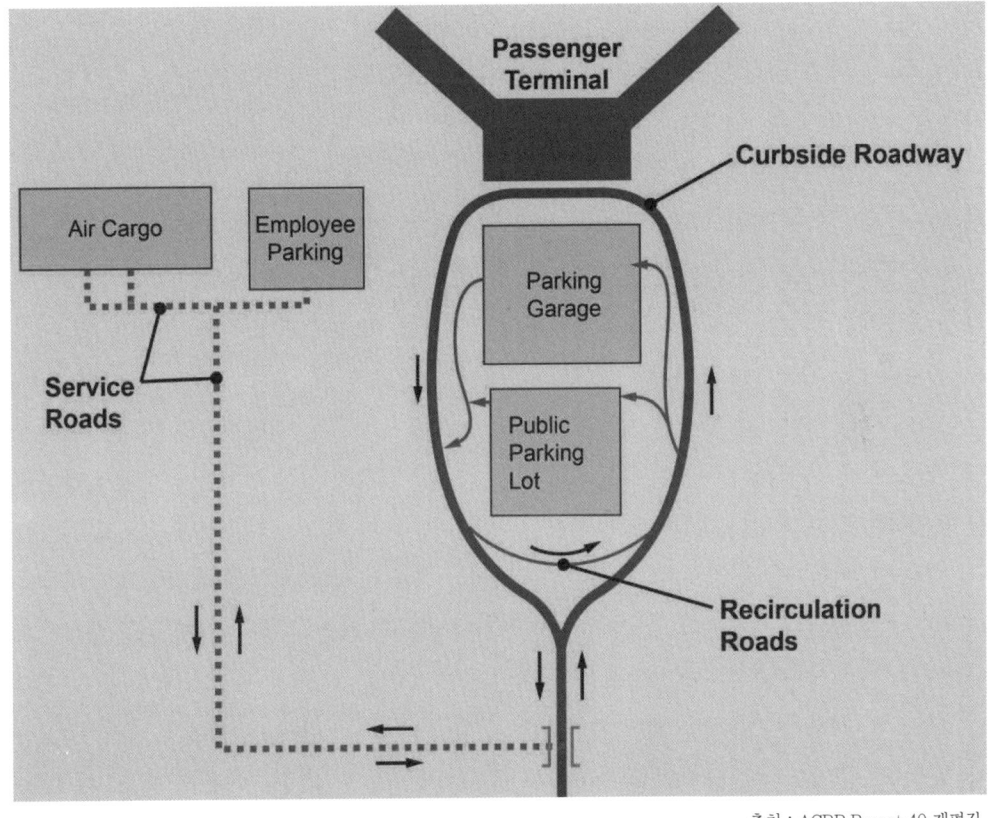

출처 : ACRP Report 40 재편집.

[그림 3-4] 공항의 터미널 지역 및 커브 사이드 접근 도로 예시

시스템 구축이 필요하다. 공항의 주차요금이 저렴하게 형성된 경우 항공 이용객이 자가 차량을 이용해서 공항을 이용하게 되어, 여행 기간 중 차량의 주차장 지속 점유로 공항의 혼잡 증가와 넓은 공항 면적의 개발이 필요하게 되는 등의 부작용이 발생한다. 따라서 필요한 경우 차량의 주차 수요에 따라 주차요금을 탄력적으로 적용하거나, 단기 주차와 장기 주차의 요금을 구분하는 등의 요금 체계를 적용하는 등의 관리 시스템이 필요하다.

2) 여객 터미널

공항의 여객 터미널은 항공 여객의 항공기를 탑승하기 전이나 항공기에서 내린 후에 머무르면서 탑승 수속이나 도착 수속을 하고, 여유 시간에 휴식을 취할 수 있는 공간으로, 공항시

설 중 매우 중요한 역할을 하는 장소이다. 여객청사는 그 나라의 사회적 환경, 국민의식, 필요 시 종교 등과도 밀접한 관계를 가지고 계획되거나 운영된다. 이러한 원인으로 여객청사의 여객 동선, 시설 배치, 수하물 처리 시스템이 공항별로 매우 다를 수 있다.

국제선 출발 여객은 평균 1시간 이상, 도착 여객은 평균 30분 이상 여객청사에 머무른다. 여객은 청사에 있는 동안 검역, 출입국, 세관 등 규정된 여러 가지 업무 과정을 거치면서 공항에서 제공하는 편의시설을 이용하게 되고, 이러한 이용시설 중 상업시설은 공항 당국의 수익을 창출하는 기능을 한다. 상세한 여객청사의 기능은 여객 서비스 기능, 수하물 처리 기능, 출입국관리 기능으로 분류할 수 있다.

여객에 대한 서비스는 항공권 예약과 구입 과정부터 시작된다. 일반적으로 여객은 사전에 항공권을 예약 및 결제하고 공항에 도착하지만, 긴급한 일정이 있는 여객은 공항에서 항공권을 구입하는 경우가 있다. 이를 위한 항공권 판매 카운터는 체크인 카운터와 별도로 위치한다. 탑승을 위한 다음 단계로서 체크인 카운터에서 항공기 탑승 좌석을 배정받고 수하물을 위탁한 후 탑승권을 수령한다. 이러한 수속 절차가 끝나면 보안 검색을 거쳐 출발 대합실로 이동하며, 국제선은 출국 수속, 세관검사, 검역 등을 추가로 거친다. 항공기 탑승 전에 여객이 별도로 대기하거나 휴식을 위한 일반대합실, 각종 휴게시설 등을 이용한 후 공항 운영자가 제공하는 탑승교나 항공사의 계단차(step car) 등의 시설과 장비를 이용해 항공기에 탑승한다. 대합실과 휴게시설은 여객의 편의성 향상을 위한 의자, 조경, 안내시설, 식수대, 화장실, 흡연시설 등의 기본적 시설이나 면세점 등 상업시설을 이용하게 된다. 도착 여객의 경우 출발 여객의 역순으로 항공기에서 내린 후 검역시설, 입국심사, 세관검사 등의 과정을 거치며, 도착 수하물을 수취할 수 있는 컨베이어 벨트는 국제선의 경우 세관검사 이전에, 국내선의 경우 편의성에 따라 보안 검색 이후 지역에 설치되기도 한다.

내린 수하물은 여객이 항공 여행을 위해 지참하는 짐을 말하는 것으로, 대형이거나 무거운 짐의 경우 탑승을 위한 체크인 과정에서 짐의 처리를 항공사에 위탁하기도 한다. 이렇게 위탁된 수하물은 처리를 위해 별도의 절차, 별도의 장비 또는 기계화된 시설에 의해 처리되고 있으나 대부분의 여객은 이러한 내용은 알기 힘들다.

공항에서 출발하는 여객이 맡기는 짐은 위탁하는 수하물의 무게와 부피를 확인하기 위한 계량, 수하물에 위험물이나 폭발물 등이 포함되어 있는지 확인하는 보안검사, 수하물을 종류별·행선지별로 분류, 수하물을 탑승하는 항공기까지 이동해 항공기에 탑재하는 과정을 거치게 된다.

공항에 도착한 수하물은 항공기에서 수하물을 내려서 도착 대합실까지 운반, 여객이 수하물을 찾을 수 있도록 항공기별로 분류해 여객이 쉽게 수하물을 찾을 수 있게 한다.

우리나라에서 외국으로 출발하는 모든 여행객과 외국에서 우리나라로 도착하는 모든 여행객은 출입국검사, 세관검사, 전염병 예방을 위한 검역, 동물이나 식물의 검역 및 방역 등을 거쳐야 한다. 이러한 과정을 출입국관리라고 하며, 모두 정부 당국에 의해 관련 절차가 수행된다. 이 밖에도 출발 여객의 경우 랜드사이드에서 에어사이드로 진입하기 위해서 신체 및 수하물에 대한 별도의 보안 검색을 받아야 한다.

3) 화물 터미널

항공 운송은 여객 운송뿐만 아니라 화물 운송도 수행한다. 대부분의 공항에서는 화물의 취급을 위해 여객의 처리와 별개의 터미널을 운영과 별개의 터미널을 운영한다. 화물 터미널에서 수출 화물의 경우 화물의 집하, 보관, 통관, 별도의 처리 용기에 화물의 적재, 항공기의 탑재를 위한 절차가 이루어지며, 수입 화물은 화물의 하기(下機), 화물 탑재 용기에서의 분류, 보관, 수입 통관, 화주(貨主) 인도 또는 국내 운송을 위한 준비가 이루어지는 장소이다. 또한, 수출입 화물 이외에 환적 화물의 취급도 이루어지며, 이를 국내 수출입을 위한 통관 과정을 제외한 절차가 이루어진다.

화물 터미널에는 수출입 화물을 위한 별도의 화물정보처리 전산망이 구축되어 있어 화물 운송인, 복합운송 주선업자, 보세 운송인, 관제사, 항공사, 세관, 검역소 등을 연결하는 전산망을 통해 운송 예약, 운송 중인 화물의 위치 추적, 화물의 행선지별 분류, 품목의 분류, 수출입의 행정처리 업무의 수행이 가능하다. 화물의 경우도 여객의 항공기를 이용하는 과정과 동일하게 랜드사이드와 에이사이드의 이동과 이를 위한 보안 검색 등의 업무가 필요하나, 화물은 스스로 이동할 수 없으므로 이를 위한 관련 장비나 시설 등의 별도 구성이 필요하다.

2. 에어사이드

1) 항공교통관제

항공기는 안전한 운항을 위해 국제 규정에서 요구된 절차에 따라 항공기 간에 일정 거리 이상 분리되어야 한다. 이러한 분류 업무는 공역(空域)을 비행하는 항공기와 지상에서 이동하는 항공기에 모두 적용되는 것으로 항공기 간의 분리 운항, 항공기 이동지역인 운항지역에서 항공기와 장애물 간의 충돌 방지, 항공교통의 효율적인 흐름과 신속한 처리, 비행 안전을 위한 정보 제공과 조언, 사고 항공기에 대한 탐색과 구조활동 지원 등을 수행할 필요가 있으며, 이러한 업무를 항공교통관제에서 수행한다.

항공교통관제는 공역관리와 항로관제, 접근관제 및 공항관제로 구분한다. 공역관리는 일반적으로 각 국가의 영토와 영해 상공에 설정된 영공에 대해 안전한 항공기 운항에 필요한 업무를 수행하는 것을 의미한다. 공역 및 항로관제 업무는 영공에 대한 관제 업무를 담당하면서 우리나라에 들어오는 항공기는 일정 지점에서 접근관제에 이양하고, 우리나라에서 나가는 항공기에 대해서는 인접 국가의 항로관제기관에 관제권을 이양한다.

항로관제가 한 나라 안의 공역 및 항로에 대한 관제 시스템이라면, 접근관제 및 공항관제는 공항에 착륙하거나 공항에서 출발하는 항공기를 관제하는 것이다. 항공교통관제소에서 인수받은 항공기를 안전하게 착륙시키거나, 공항을 출발한 항공기를 인계하는 업무라고 할 수 있다. 공항으로부터 약 50nm 이내의 거리와 사전에 협의된 고도 이하의 상태에서 접근관제소의 통제로 공항 상공 또는 인근에 도착하면, 공항 관제탑의 통제에 따라 활주로에 착륙하게 되며, 반대로 공항에서 출발하는 항공기는 관제탑의 통제에 따라 공항을 이륙해 접근 관제소로 이양하게 된다. 공항 관제탑은 최종 접근 중인 항공기 또는 공항에서부터 5nm~10nm 이내의 공역을 운항하는 항공기와 공항에 이착륙하는 항공기의 관제 업무를 담당한다.

공항 관제탑에서는 지상에서 이동되는 항공기, 장비 및 사람에 대해서도 통제가 이루어진다. 이러한 업무를 지상관제라고 한다. 실제적으로 공항 에어사이드에서 항공기의 안전한 운영을 위해 항공기, 장비, 사람에 대해서 통제하는 지상관제사의 업무가 중요 업무 중 하나이며, 최근 공항이 대형화되고 항공 교통량이 증가하면서 지상관제 중 계류장 관제 업무를 분류해 운영하기도 한다.

2) 무선통신

공항의 에어사이드에서 항공기. 지상 장비, 사람이 안전하게 통제하기 위해서는 통제 업무를 수행하는 관제사와 실시간 정보 교류를 위해 통신이 이루어질 수 있어야 한다. 무선통신은 항공기, 장비, 사람에 대해서 음성으로 항공 교통 조언, 관제 업무, 경고, 비행정보 등에 관한 메시지를 전달하는 항공이동통신과 항공기에 항로, 거리, 방향 정보를 제공하는 항행무선시설도 포함될 수 있다.

3) 기상정보

공항에서 이착륙하는 항공기를 위한 기상정보는 안전한 이착륙을 위해 반드시 필요하다. 지상의 기상 현상과 상층부의 기상 상황을 관측, 분석, 정보 교환, 정보 수집, 기록하며, 공항과 항공사, 조종사 등의 항공기 승무원에게 매 시간 또는 30분 단위로 정보를 제공하는 항공기상정보가 있다. 항공기상정보에는 지상의 풍향과 풍속, 현재의 기상 상태, 시정(視程), 구름의 양과 형태, 기온 및 노점(露點, dew point) 온도, 기압 등의 정보를 현재의 상태와 함께 예보 정보를 제공하는 시스템으로 운영되며, 국내 생산 자료는 국외에 제공되거나, 국외 생산 자료는 국내에 수집되는 등 기상 분야의 정보는 국제적으로 교류가 이루어지고 있다.

최근 항공기상정보는 통신 기술의 발달과 기상 자료 처리 기술의 향상, 위성 관측 등 관측 정보의 다양성 확대 등으로 정보의 신뢰도가 크게 향상되었으며, 항공기상 예보 내용으로 항로, 운항지역 상층부의 기압, 온도, 바람 및 현재 기상 상태와 예보 상태가 포함되어 안전한 항공기 운항에 기여하고 있다. 우리나라는 항공기상 관련 업무를 위한 별도의 기상 업무 조직인 항공기상청을 통해 관련 정보를 생산 및 제공한다.

4) 계류장 운영

항공기 이동지역 관리가 필요한 구역에서 계류장(繫留場)은 항공기의 운항 준비 또는 도착 항공기의 마무리 업무 절차가 이루어지는 장소이다. 운항을 위해 항공기에 항공유 급유, 윤활유 공급, 승객 탑승 및 화물 탑재, 승객이 마실 물과 기내식 탑재, 항공기 정비 및 일상 점검 업무 등이 수행되고, 도착한 항공기에 대해 승객 및 화물의 하기, 기내 청소, 항공기에서 발생한 오물 등의 처리, 기내 청소 및 기체 점검 등이 이루어지는 장소이다. 또한 이와 같은 업무 수행을 위해 수많은 장비와 차량, 사람이 필요하고, 항공기가 이동하는 지역에서 같이 작업이 이루어지기 때문에 안전을 위해 매우 적극적인 통제가 필요한 장소이다.

계류장이 설치되는 항공기 주기장(駐機場)은 항공기의 이용 정도, 복잡도, 공항의 처리 용량 등에 따라 주기장의 배치 형태와 항공기의 주기 방식을 달리 적용할 수 있다. 주기장의 배치 형식에 따라 단순형(linear) 터미널, 부두형(pier) 터미널, 위성형(satellite) 터미널, 외진 주기장형(remote hardstands) 터미널 등으로 구분되며, 항공기 주기 방식에 따라 기수(機首)를 안쪽으로 주기(nose-in), 기수를 바깥쪽으로 주기(nose-out), 기수를 비스듬히 안쪽으로 주기

(angled nose-in), 기수를 비스듬히 바깥쪽으로 주기(angled nose-out), 평행 주기(parallel) 형태의 주기(駐機) 방식으로 구분된다.

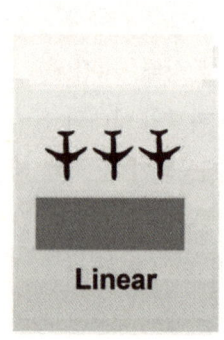  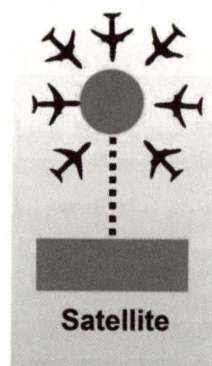 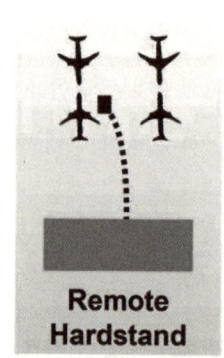

출처 : FAA AC 150-5360-13A

[그림 3-5] 항공기 주기 방식에 따른 터미널 형태

토론 과제

1. 공항의 운영이 원활하지 않은 경우 발생할 수 있는 문제점은 무엇인지 알아보시오.
2. 국내 여행을 위해 집에서부터 도착지까지 과정과 각 과정에서 수행된 업무의 형태에 대해 알아보시오.
3. 국외 여행을 위해 집에서부터 도착지까지 과정과 각 과정에서 수행된 업무의 형태에 대해 알아보시오.
4. 공항에 접근하기 위한 방법과 이를 이용하는 순서에 대해 알아보시오.
5. 인천공항의 첫 번째 출발편을 이용하는 경우와 마지막 도착편을 이용하는 경우 대중교통을 이용할 수 있는 현황에 대해 찾아보시오.
6. 인천국제공항, 김포국제공항, 지방공항의 주차장 요금 등을 찾아보고 비교하시오.
7. 공항에서 최대로 처리할 수 있는 화물의 용량에 대해 생각해 보시오.

조약 및 국제기구

이 장에서는 항공협정, 국제항공교통협정과 하늘의 자유에 관한 권한 등 국제항공협약과 국제민간항공기구, 국제항공운송협회, 국제공항협회의 조직과 업무에 대해 알아본다.

제1절 국제항공협약

1. 항공협정

1903년 라이트 형제의 최대 동력 비행이 이루어진 6년 후인 1909년에 영국과 프랑스 해협의 횡단 비행이 이루어지게 되자 항공의 국제성 문제가 등장하게 되었다. 이에 따라 1910년 19개국이 참가한 국제항공법회의가 개최되었다.

이때 가장 관심을 끈 문제로서 하늘은 누구에게나 개방되어 하늘의 자유(freedom of the

air)가 인정되는 것인가 아니면 국가의 주권이 인정되는가로 대립되었다. 해양 분야에서는 공해(公海) 자유의 원칙이 국제관습법으로 형성됨으로써 공해 자유가 광범위하게 인정되어 공해는 어떤 국가의 영역에도 속하지 않으며, 누구나 이용할 수 있다는 이용의 자유가 인정되어 왔다. 항공기가 국제적으로 이용될 수 있으면서부터 항공기의 활동 영역인 공역(空域, airspace)의 법적 지위가 문제가 되었다. 더구나 제1차 세계대전 당시에 항공기가 군사적으로 이용되기도 했고, 1919년 3월 제1차 세계대전이 종료된 직후 최초로 국제 정기항공 운송 업무가 프랑스 파리와 벨기에 브뤼셀 간에 시작되었으며, 1919년 6월 최초로 항공기를 이용해 대서양 횡단에 성공하면서 국제법적인 문제가 더욱 대두되었다.

이러한 배경에서 1919년 10월 38개국이 모여 항공 질서의 다자간 기틀 형성을 위한 파리협약(Convention on the Regulation of Aerial Navigation)이 체결되었다. 이 협약은 국가 간에 항공기의 사용 및 비행에 관한 국제 항공의 기본 질서를 수립하고 민간 항공을 위해 세계적으로 통일된 국제항공사법을 제정하려는 목적으로 국제항공법의 기초가 되는 여러 원칙을 성문화했다. 특히, 제1조는 국가의 영역 상부 공역에서의 완전하고도 배타적인 주권을 인정함으로써 절대적 영공 주권 원칙을 최초로 명문화했다는 데 가장 큰 의미를 찾을 수 있다.

그 밖에도 제2차 세계대전 전까지 1926년 이래로 아메리카 상업항공조약, 1928년 팬아메리카 상업항공에 관한 아바나조약, 1933년 국제항공위생조약, 1934년 국제항공연료조약 등이 체결되었다. 국제항공법전문가위원회가 설립되고, 이 기구에 의해 1929년 바르샤바협약, 1933년 외국 항공기에 의한 지상의 제3자에 대한 손해에 관한 로마협약(미발효), 1938년 브뤼셀협약 등이 채택되었다.

이와 같이 1944년 시카고협약 이전에도 산발적이지만, 항공의 기초 질서를 형성했으며, 특히 바르샤바협약은 그 후속 조약들과 함께 이른바 바르샤바 체제(Warsaw System)를 형성해 최근까지도 항공 운송인의 책임에 관한 기초적인 형태를 이루고 있다.

1944년 11월 1일부터 12월 7일까지 제2차 세계대전 후의 국제 항공 발전을 위한 법적 기틀을 마련하기 위해 미국이 초청한 52개국이 참석한 시카고회의(International Civil Aviation Conference : Chicago Conference)가 개최되었다. 시카고회의가 개최된 배경은 제2차 세계대전 중 개발된 군용 항공기가 전후 민간 상업용으로 전환되면서 민간 항공의 비약적인 발전을 가져왔으며, 특히 항공 기술의 발전과 함께 항공기의 대형화 및 상업화의 급속한 변화가 예상되었고, 그 결과 국제 항공노선의 확대가 이루어지는 등 국제 민간항공에 관한 새로운 법 질서의 출현이 요구되었다.

시카고회의의 결과 미국의 입장이 크게 반영되어 국제민간항공협약(Convention on International Civil Aviation : 시카고협약)이 채택되었다. 이 협약은 시카고회의의 주요 법률 문서로서 ICAO의 설립에 대해서도 규정하고 있으며, 국제민간항공협약 제2부에서는 ICAO 설립, 조직 및 임무에 관해 규정하고 있다. 이에 따라 1947년 4월 4일 PICAO를 승격한 국제민간항공기구(ICAO)가 설립되었으며, ICAO는 주로 기술적인 표준(technical standards) 설정과 일반적인 감독(supervisory) 기능을 수행하며, 경제적인 규율(economic regulation)은 국가 간의 양자 간 차원에서 이루어지고 있다.

2. 국제항공교통협정

국제항공교통협정(The International Air Services Transit Agreement)은 '제1의 자유, 제2의 자유' 또는 '통행'에 관한 내용이며, 전 세계 26개국 이상이 서명한 협정이다. 총 6개의 항으로 구성되어 있고, 주된 조항은 하늘에서의 자유에 관한 것이며, 계획된 운항에 관해 다른 체약국(contracting state)에 의해 각국이 승인하는 사항에 대해 정의되어 있다.

이 협정을 통해 평화적인 상업 목적의 항공 운송 관계가 생기게 되었으며, 국제항공업무통과협정과 국제항공운송협정은 시카고협약을 보강하는 협약이 되었다. 그 후 '제5의 자유' 또는 '운송'에 관한 이 협약은 16개국이 이상이 서명했으며, 8개의 세부 조항으로 이루어져 있다. 이 조항들은 서명한 국가들에 의해 '제5의 자유'에 대해 각국의 상호 교역을 제공하고, 이전의 국제항공업무통과협정을 포함해 다음과 같은 내용으로 구성되어 있다.

- 착륙 없이 영공을 통과할 수 있는 특권
- 운송을 목적으로 하지 않는 기술적인 착륙을 할 수 있는 특권
- 항공기 국적을 소유하고 있는 국가의 영토에서 유상으로 여객, 화물, 우편물을 싣고 내릴 수 있는 특권
- 항공기 국적을 소유하고 있는 국가의 영토에서 유상으로 여객, 화물, 우편물을 싣기로 예정된 항공기에 대한 특권
- 다른 어떤 체약국이든 여객, 화물, 우편물을 실을 수 있고, 중간에 다른 영토에서 여객, 화물, 우편물을 내릴 수 있는 특권

3. 하늘의 자유

항공 운송은 항공기가 등록된 국가 내에서 이루어지지 않고 운항 중간에 거치는 여러 나라에 영향을 미친다. 운송을 위해 직접 오가는 당사국뿐만 아니라, 비행하는 동안 여러 나라를 거치며 날아가고, 또한 승객 수송에 대해 각국의 이해관계가 충돌될 수 있기 때문에 하늘의 자유(또는 공[空]의 자유, freedoms of sky)라는 개념이 도입되었으며, 최초 1944년 시카고 컨벤션에 대해 기본 원칙이 확립되었다. 항공 운송에 사용되는 항공기가 국가 영공을 통과, 착륙, 운송, 제3국의 운송 등에 따라 총 아홉 가지의 자유 개념이 설정되었으며, 각 국가 간의 항공협정, 경제적인 상황 및 정치적인 여건에 따라 권한의 부여 또는 행사가 가능하다.

1) 제1의 자유

항공기가 타국의 영공을 착륙하지 않고 횡단해 비행할 수 있는 자유로서, 일반적으로 영공 통과의 권한(fly over right)이라고 한다. 예를 들어, 우리나라 항공사 항공기가 미국을 갈 때 일본 영공을 통과할 수 있는 권한이다.

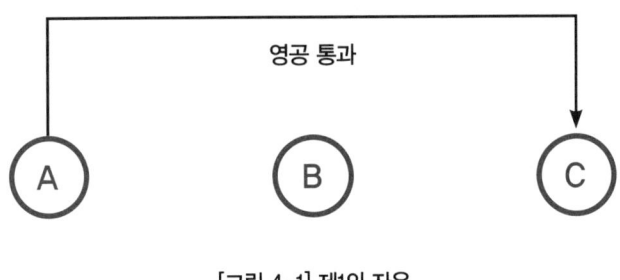

[그림 4-1] 제1의 자유

2) 제2의 자유

항공 운송 목적 외 항공기 급유나 정비와 같은 기술적 목적을 위해 중간국에 착륙할 수 있는 자유로서, 항공기 기종의 성능 특성상 한 번의 급유로 목적지 공항까지 운항할 수 없는 경우, 중간 지점에 있는 다른 국가의 공항에 착륙해 항공유 급유를 받거나, 운항 중에 항공기의 기체 이상이 발견되는 경우 가장 가까운 공항에 착륙해 정비를 받을 수 있도록 허용하는 것으로서, 흔히 기술 착륙의 권한(technical landing right)이라고 한다.

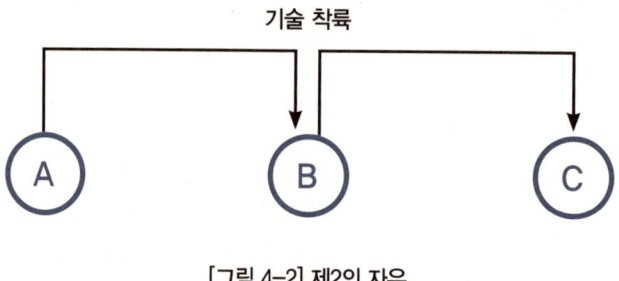

[그림 4-2] 제2의 자유

3) 제3의 자유

자국 내의 공항에서 탑승한 여객과 탑재한 화물을 상대국 공항으로 유상 운송할 수 있는 자유로서, 상업 목적의 운송을 상대국으로 할 수 있는 자유이다. 흔히 구간 운송의 권한(set down right)이라고 한다. 예를 들어 우리나라 항공사의 항공기가 인천공항에서 탑승한 승객을 미국의 공항까지 운송할 수 있는 권한이다.

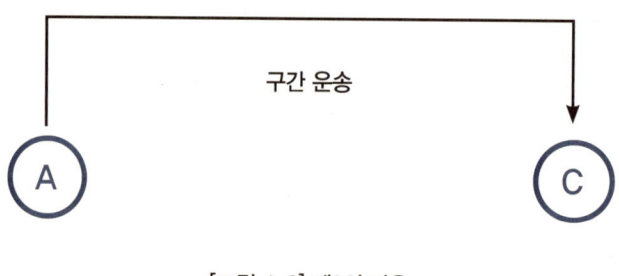

[그림 4-3] 제3의 자유

4) 제4의 자유

상대국 영토 내의 공항에서 탑승한 여객, 탑재한 화물을 자국의 공항으로 운송할 수 있는 자유이다. 이는 제3의 자유인 구간 운송권의 반대 개념으로서, 상업 운송을 위해서 반드시 인정되어야 하는 운송 권한으로, 흔히 구간 회송의 권한(bring back right)이라고 부른다. 예를 들어 우리나라 항공사의 항공기가 미국의 공항에서 상업 운송을 위한 승객을 탑승시켜 우리나라까지 운송할 수 있는 권한이다.

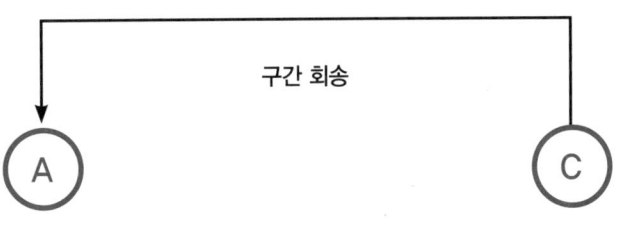

[그림 4-4] 제4의 자유

5) 제5의 자유

자국의 공항에서 여객이나 화물의 운송 목적으로 출발한 항공기가 상대국의 공항에 도착한 후 상대국 공항에서 탑승한 승객이나 적재한 화물을 제3국의 공항으로 운송할 수 있는 자유로서, 흔히 이원권(以遠權, beyond right)이라고 한다. 예를 들어 우리나라 항공사의 항공기가 상업 운송을 위해 미국으로 비행하는 도중에 일본을 경유해, 일본에서 미국으로 가려는 여객이나 화물을 싣고 운송할 수 있는 권한이다.

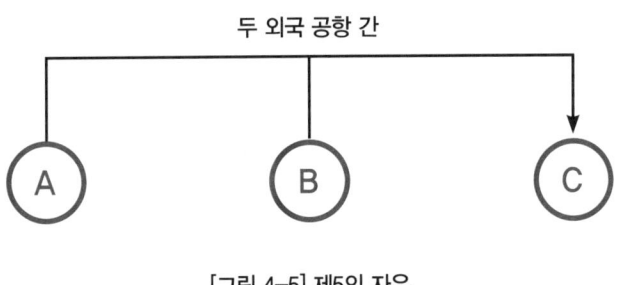

[그림 4-5] 제5의 자유

6) 제6의 자유

상대국 또는 제3국의 공항에서 탑승한 여객과 적재한 화물을 자국의 공항을 거쳐 다른 외국 공항으로 운송할 수 있는 자유이다. 이는 제5의 자유인 이원권의 변형된 개념으로, 우리나라에서 외항사를 이용해 해당 국을 경유해 제3국을 목적지로 비행하는 경우가 이에 해당된다. 사실상 항공사에서는 제3의 자유 및 제4의 자유를 이용해 노선을 연결하는 방법으로 제6의 자유에 해당하는 권한으로 항공운송사업을 수행한다.

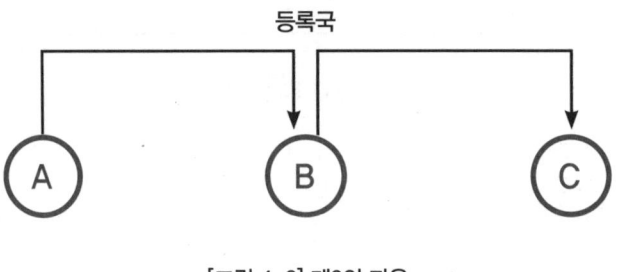

[그림 4-6] 제6의 자유

7) 제7의 자유

항공기가 등록된 국적지인 자국을 벗어나서 항공 운송을 허가받은 특정한 국가의 공항에서 다른 외국의 공항으로 수송할 수 있는 자유로서, 이원권의 변형된 개념이다. 예를 들어 우리나라 항공사의 항공기가 우리나라 출발 여부와 관계없이 일본의 공항에서 미국령인 괌으로 운송하는 노선을 운항하는 경우 이에 해당한다.

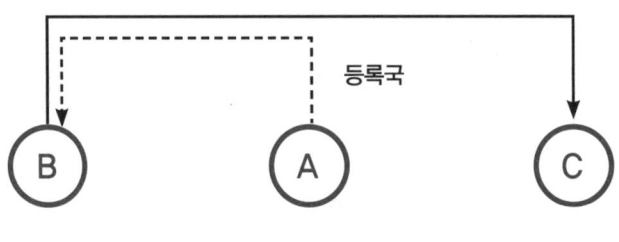

[그림 4-7] 제7의 자유

8) 제8의 자유

항공기가 등록된 국적지인 자국을 벗어나서 다른 나라의 국내 운송(연안 수송)을 하거나, 상대국에서 제3국으로의 운송할 수 있는 자유로서, 흔히 연안운송권(또는 국내운송권, cabotage)이라고 한다. 예를 들어 우리나라를 출발한 항공기가 미국의 2개 도시의 상업 운송을 수행하고, 브라질로 운송하는 경우 이에 해당한다.

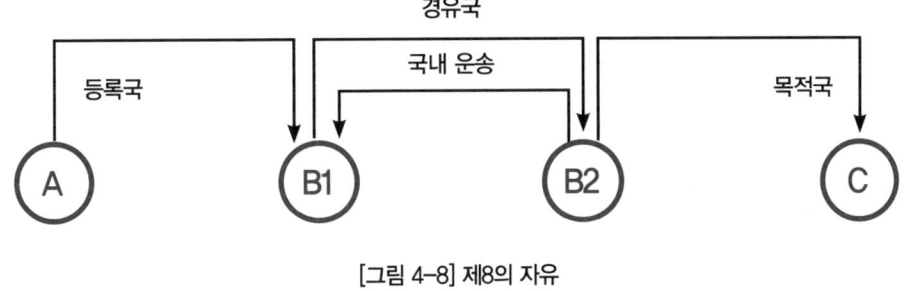

[그림 4-8] 제8의 자유

9) 제9의 자유

항공기가 등록된 국적지에 관계없이 국내 운송을 허용한 제3국에서, 해당 나라의 국내 운송을 할 수 있는 자유를 말한다. 예를 들어 우리나라 항공사의 항공기가 우리나라에게 상대국의 운송과 관계없이 제3국의 국내 항공 노선을 운영하는 것을 말하는 것으로, 가장 높은 수준의 항공 자유의 권한이다.

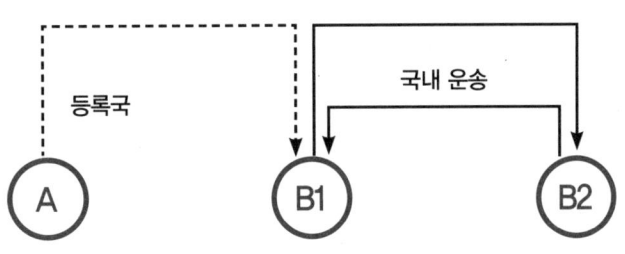

[그림 4-9] 제9의 자유

4. 기술부속서

국제민간항공기구(ICAO)는 국제적으로 적용할 수 있는 통일된 기준을 각국의 민간항공에 활용하고자 국제민간항공조약의 기본 개념과 제37조 국제 표준 및 절차를 채택함에 따라 현재 19개의 부속서(Annex)를 제정하고, 이를 수시로 개정함으로써 190여 개국의 체약국이 각 부속서에서 정한 세부 기준을 따르도록 의무화하고 있다. 각 부속서의 세부 내용은 〈표

4-1〉과 같다.

〈표 4-1〉 ICAO의 부속서

부속서	영문명
Annex 1	Personnel licensing
Annex 2	Rules of the air
Annex 3	Meteorological service for international air navigation
Annex 4	Aeronautical chart
Annex 5	Units of measurement to b used in air and ground operation
Annex 6 part 1 Part 2 Part 3	Operation of aircraft International commercial air transport aeroplanes International general aviation aeroplanes International operations helicopters
Annex 7	Aircraft nationality & registration marks
Annex 8	Airworthiness of aircraft
Annex 9	Facilitation
Annex 10 Vol. 1 Vol. 2 Vol. 3 Vol. 4 Vol. 5	Aeronautical telecommunications Radio navigation aids Communication procedures Part 1 - Digital data communication systems Part 2 - Voice communication systems Surveillance radar and collision avoidance system Aeronautical radio frequency spectrum utilization
Annex 11	Air traffic services
Annex 12	Search and rescue
Annex 13	Aircraft accident and incident investigation
Annex 14 Vol. 1 Vol. 2	Aerodromes Aerodrome design & operations Heliports
Annex 15	Aeronautical information services
Annex 16 Vol. 1 Vol. 2	Environmental protection Aircraft noise Aircraft engine emissions
Annex 17	Security
Annex 18	The safe transport of dangerous goods by air
Annex 19	Safety management system

제2절 국제민간항공기구

1. 일반 현황

제2차 세계대전 중의 급속한 항공 기술의 발달로 예상된 항공 운송의 발전에 대비하고자 1944년 11월 1일 시카고에서 52개국이 참가한 국제민간항공회의가 개최되었다. 이 회의는 국제 민간 항공의 수송 체계 및 질서를 확립하고자 하는 것을 목적으로, 국제민간항공협약의 제정, 국제민간항공기구의 설치, 하늘의 자유 정책(open sky policy)의 확립에 관한 문제를 협의했고, 1944년 12월 7일에 국제민간항공협약(Convention on International Civil Aviation)을 체결했으며, 이 협약은 1947년 4월 4일에 발효됨에 따라 국제민간항공기구(ICAO)가 설립되었다. 국제민간항공기구는 1947년 10월 UN의 경제사회이사회(Economic and Social Council) 산하의 전문기구로서 현재까지 민간 항공 부문에서 가장 중요한 국제기구로 활동하고 있다.

국제민간항공기구는 전 세계의 국제 민간 항공이 안전과 질서 있는 발전을 촉진할 것을 그 목적으로 하며 안전하고, 규칙적이며, 효율적이고, 경제적인 항공 운송을 위해 필요한 국제 표준 및 규칙을 정하며, 체약국 사이에 민간 항공의 모든 분야에서 협조를 위한 중간자적인 역할을 수행한다. 국제민간항공협약 제44조에서 국제 항공의 원칙과 기술을 발달시킬 것, 국제 항공 운송의 예측과 발전을 촉진하는 데 그 설립 목적이 있음을 명시했다. 세부적으로는 아래와 같은 원칙을 가지고 관련 내용을 규정하고 있다.

- 세계 전역을 통해 국제민간항공이 안전하고 정연한 발전을 보장
- 평화적 목적을 위한 항공기의 설계와 운송 기술의 장려
- 국제 민간 항공을 위한 항공로, 공항, 항공시설 발전의 촉진
- 안전하고 정확하며 능률적이고 경제적인 항공 수송에 대한 요구에 부응
- 불합리한 경쟁으로 발생하는 경제적인 낭비 방지
- 체약국의 권리가 충분히 존중될 것과 체약국의 모든 국제 항공기업을 운영할 수 있는 공정한 기회 보장
- 체약국의 차별 대우를 피함
- 국제 항공에서 비행의 안전을 증진
- 국제 민간 항공의 모든 부분 발전 촉진

2. 조직

국제민간항공기구는 총회, 상설집행기관인 이사회, 이사회의 보조기관인 위원회, 지역항공회의, 본부 사무국, 지역 사무소 등의 각 기관으로 구성되어 있으며, 본부는 캐나다 몬트리올에 위치한다. 각 지역의 사정에 따라 체약국 간의 의견 조정, 협의를 위한 국제적 항공문제를 구체적으로 처리하기 위해 방콕, 카이로, 다카, 리마, 멕시코시티, 나이로비, 파리 등에 7개의 지역 사무소가 설치되어 있으며, 우리나라는 태국 방콕에 지역 사무소가 위치한 아시아 · 태평양 지역에 포함되어 있다.

3. 업무

ICAO의 세부 업무는 위원회별 업무로 구분되어 있다. 위원회는 항공항행위원회, 법률위원회, 항공운송위원회, 재정위원회, 항공항행업무공동지원위원회 등으로 구분된다.

1) 항공항행위원회

항공항행위원회(Air Navigation Committee)는 항공 기술적 이론 및 실무에 대한 자격과 경험이 있는 자로서 이사회가 임명한 15인의 위원으로 구성된다. 위원회는 조약 부속서의 수정을 심의하고, 그 채택을 이사회에 권고, 국제 항공의 발달에 필요한 정보의 수집, 체약국에 통지할 내용을 이사회에 조언하는 것이다. 항공항행위원회의 위원장은 이사회가 임명한다.

2) 법률위원회

법률위원회(Legal Committee)는 국제 항공 운송의 법률 분야를 담당하는 위원회로서 각 체약국의 법률전문가로 구성된다. 조약 초안의 심의, 법률문제에 대한 이사회 조언, 항공에 관한 국제법상 문제에 대한 국제기관과의 협력이 주요 업무이다.

3) 항공운송위원회

항공운송위원회(Air Transport Committee)는 이사국의 대표자 중에서 이사회가 선출한 위원으로 구성되며, 주로 항공 운송의 경제적 측면, 통계 및 촉진(facilitation)을 담당한다.

4) 재정위원회

재정위원회(Fiance Committee)는 이사회가 선출하는 7명의 위원으로 구성되는 위원회로서, 재정적 사항에 관해 이사회를 지원하는 것이 주요 업무이다.

5) 항공항행업무공동지원위원회

항공항행업무공동지원위원회(Committee on Joint Support of Air Navigation Service)는 제1회 총회의 결의 결과로 설치된 위원회로 항행안전시설의 유지를 위한 기술적·재정적 원조에 관해서 이사회를 지원하는 것을 그 목적으로 한다. 업무를 위한 의원은 이사회가 매년 선출하는 9명으로 구성되며, 의제에 따라 이해관계가 있는 체약국은 이사회 의장의 초청으로 위원회 참가가 가능하나 이렇게 참여한 체약국은 의사 결정을 위한 투표권은 행사하지 못한다. 특히, 하나의 국가에만 해당하지 않는 항행안전시설에 관해 그 시설과 관계가 있는 국가 사이의 연락 및 조정 업무를 담당한다.

제3절 국제항공운송협회

1. 일반 현황

국제항공운송협회(International Air Transport Association: IATA)는 각국 정부가 체약국으로 가입하고 있는 국제민간항공기구(ICAO)에서 다룰 수 없는 상업 운송의 권익에 관한 문제를 다루기 위해 1945년 4월 쿠바의 아바나에서 세계 32개국 61개의 항공사 대표가 참석해 세계항공사회의를 개최하면서 시작되었다. 제2차 세계대전 후의 항공 운송의 발전이 예상됨에 따라 예측되는 여러 가지 문제에 대처하고 국제항공 운송사업을 수행하는 항공사 간의 협조를 강화할 목적으로 설립한 순수 민간협력단체이다. 국제항공운송협회(IATA)는 항공운임의 결정, 운송 규칙의 제정 등이 주된 업무이며, 상업적 목적의 항공사가 참여한 국제민간단체이지만 준공공적 기관으로서의 성격을 가지고 있다.

국제항공운송협회(IATA)의 설립 목적은 첫째, 안전하고 경제적인 국제 항공 운송의 발전을 촉진 및 이에 대한 문제 해결, 둘째, 국제 민간 항공 운송에 종사하는 민간 항공사의 협력 기구로서 협력을 위한 교류의 장과 다양한 수단 제공, 셋째, ICAO 등 국제 항공기구 및 지역별 항공협회와의 협력 도모 등으로, 국제 항공 운송에서 항공사 간의 협력을 가장 중요한 목적으로 하고 있다.

국제항공운송협회(IATA)는 항공사 간에 통일적으로 사용해야 하는 각종 표준 방식을 설정했으며, 항공 운송에 관한 표준약관, 항공권 및 항공운송장의 표준 양식, 복수 항공사 간의 운송 협정에 관한 표준 모델, 항공권 판매 대리점과의 표준계약서 양식, 지상 조업 업무 위탁에 관한 표준양식 등이 포함되어 있다.

2. 조직

국제항공운송협회(IATA)의 조직은 최고의결기관인 연차 총회가 있고, 총회의 산하기관으로 실질적인 운영을 맡고 있는 이사회, 항공 운송의 각 분야에서 활동하고 있는 재정위원회, 운송위원회, 기술위원회, 화물위원회 등 4개의 상임위원회가 있으며, 항공 운송에 관한 조건을 회원 항공사가 협의해서 결정하는 운송회의, 항공사 간 거래에 따른 정산을 담당하는 거래사무소, 운영 실무를 맡고 있는 사무국 등이 있다.

3. 업무

국제항공운송협회(IATA)의 설립 목적을 달성하기 위해 각 위원회별로 세부 업무를 수행한다.

재정위원회는 회원 항공사의 회계규칙 통일과 통화, 조세, 보험, 감사, 통계, 환율, 수입금 결제 등 항공 운송 활동에서 발생하는 재무 및 경제문제를 담당한다.

운송위원회는 항공운송업계의 상업활동에 관한 사항, 운송회의의 권한에 관한 사항, 운송 영업 절차 통일에 관한 사항, 이사회가 위임하는 영업 및 운송에 관한 사항을 담당한다.

기술위원회는 항공기, 운항, 의료, 항공 기재의 통일화, 감항성 및 정비, 공항, 항공노선, 항행 지원, 안전, 통신, 기상, 소음, 공해 등 제반 기술 사항을 담당하며, 사안에 따라서 또는 지역별로 소위원회를 운영하고, 항공기 및 각종 장비 제조사와 공항 당국, 정부 등을 포함한 회의를 개최하기도 한다.

화물위원회는 항공화물 운송업계의 상업활동에 관한 사항, 항공화물 운송 영업 절차의 통일에 관한 사항, 화물운송장의 표준에 관한 사항, 이사회가 위임하는 화물 운송 영업에 관한 사항을 담당한다.

제4절 국제공항협회

1. 일반 현황

국제공항협회(Airports Council International: ACI)는 기존의 국제공항운영협회의, 국제민간공항협회, 공항협회조정위원회 등 3개의 공항 관련 국제협회를 통합한 것으로, 1991년에 설립된 이후 세계 각국 공항의 대변인 역할을 하고 있다.

국제공항협회(ACI)의 설립 목적은 공항 관련 국제기구의 효율성을 강화하고, 국제민간항공기구(ICAO) 및 국제항공운송협회(IATA) 등 항공 관련 국제기구 또는 협회 등과 유기적인 업무 협조를 하기 위한 것이다. 회원사인 공항의 발전에 기여할 수 있는 프로그램과 서비스를 개발하고, 공항의 안전, 운영 효율성, 재정적 자립, 환경보전정책에 기여할 수 있는 방안을 도출한다. 또한, 공항의 이익을 도모할 수 있도록 법규, 규정, 국제협약을 확립하고, 회원 공항 상호간의 협력, 지원, 정보 교환 및 습득의 기회를 확대하는 체제를 유지하는 한편, 회원 공항에 국내외 공항 개발에 대한 정보와 분석 자료를 제공하는 것을 목적으로 한다.

2. 조직

국제공항협회(ACI)는 회원 공항의 대표가 참석하는 총회와 이사회, 5개의 전문상임위원회 및 6개의 지역별 국제공항협회로 구성되어 있다. 5개의 전문상임위원회는 경제, 보안, 환경,

출입국 간소화, 기술 및 안전으로 나뉘어 있으며, 지역별 협회는 아시아지역, 아프리카지역, 유럽지역, 중남미지역, 북미지역, 태평양지역으로 구분되어 있다.

현재 약 170여 개국의 국가에서 550여 개의 공항 운영자가 1,500여 개의 공항을 운영하고 있으며, 우리나라는 한국공항공사가 1991년에 가입했고, 인천국제공항공사는 1998년에 가입했다.

3. 업무

국제공항협회(ACI)는 공항 상호간의 협력 강화를 위해 세계 총회 및 지역별 총회의 연례 개회, 개발도상국 공항에 대한 공항시설과 공항 기술 및 공항 운영에 대한 지원 등의 업무를 수행한다. 국제민간항공기구(ICAO) 및 국제항공운송협회(IATA) 등 항공 관련 국제기구 및 기관과 업무 협조 체계를 구축하고, 공항 운영에 대한 공동 연구활동, 세미나 와 워크숍 개최로 공항 운영 기술의 향상과 항공 관련 국제기구의 전문위원회에서 개최하는 세미나, 워크숍 등에 참여해 공항 운영 및 미래의 공항산업 변화에 대처하기 위한 활동을 하고 있다.

토론 과제

1. 하늘의 자유에 대해 알아보시오
2. 국제민간항공기구(ICAO)와 국제항공운송협회(IATA)의 차이에 대해 알아보시오.

포틱스 산업론 항공 도시 관광

PORTICS INDUSTRY
Aviation City Tourism

제2편
항공과 도시

제 5 장 현대 도시의 성장
제 6 장 현대 도시의 변화와 도시경제
제 7 장 공항과 도시
제 8 장 공항과 도시의 미래

포틱스 산업론
- 항공, 도시, 관광 -

제5장

현대 도시의 성장

이 장에서는 도시의 성장과 발전, 그리고 도시화와 도시의 유형에 대해 살펴볼 것이다. 먼저 인구 기준, 물리적 기준, 경제적 기준 등에 따른 도시의 개념에 대해 알아보고, 도시 발전의 흐름과 도시화의 요인, 공간 구조, 인구 규모, 개발정책 및 경제 규모와 삶의 질에 따른 도시 유형에는 어떤 것이 있는지 살펴본다.

제1절 도시의 성장과 발전

1. 도시의 개념

도시는 항상 변화한다. 1960년 우리나라에서 도시에서 거주하는 인구의 비중은 27.7%에 지나지 않았으나 2017년에는 82.7%의 인구가 도시화된 공간에서 경제활동을 영위하며 살아가고 있다. 따라서 도시를 한마디로 정의하는 것은 매우 어려운 일이다. 도시적인 마을을 정의하기에는 도시마다 가지고 있는 독특한 생활양식이 다양하기 때문이다.

도시는 한자 都市로 '도(都)'는 왕과 관료들이 거주하는 한 나라의 도읍이라는 의미로 정치·행정의 중심지로서의 도읍(都邑)의 의미와 '시(市)'는 재화와 서비스를 생산·판매·교환하는 상업 중심지로서의 시장의 역할을 나타내는 의미로 규정되었다.

서양에서 도시의 어원인 라틴어 'civitas'는 영어의 'city', 불어의 'cité', 독일어의 'Stadt'로 표현되며, 지방 취락에 비해 강력한 정치권력과 자유를 가진 취락지역을 의미한다. 영어로는 'city'와 'urban'으로 표현되는데, city는 법적·정치적 지위를 가진 정부 단위를 의미하고, urban은 '도시의, 도시 특유의, 도시화한'이란 문화적 의미를 나타내는 개념으로 구별할 수 있다(Herson & Bolland, 1990).

도시는 대규모의 인구 규모, 높은 인구밀도, 그리고 인구의 이질성이라는 특성을 가지고 있으나 도시와 농촌을 명확하게 구분하는 것은 쉬운 일이 아니다. 일반적으로 우리나라에서는 인구 5만 명 이상이면 도시라고 정의하고 있으며, 지방자치법 제7조에서 세부 내용을 규정하고 있다.

도시 개념의 정의는 학자들의 견해나 연구에 따라 다양하게 나타나고 있으나 일반적으로 정치·행정학적 시각, 사회·경제학적 시각, 그리고 지리학적 시각으로 접근한다.

정치·행정학적인 시각에서는 도시인구의 고밀도와 대규모성이라는 것에 초점을 맞추어 도시의 정치적·행정적 특징인 공식적 통제 기제(control mechanism)의 발달에 주목한다. 즉, 도시는 정치활동의 중심지이며 사회 질서 유지 등과 관련된 공공정책의 형성, 이질적인 사람들의 공식적인 역할과 상호 연결성, 재화와 서비스의 생산·판매·교환의 경제활동 중심성을 바탕으로 시민과 장소를 중요시한다.

사회·경제학적 시각에서는 도시를 복잡하고 다양한 사회조직이며 경제활동 주체 간의 상호작용이 일어나는 공간적 속성을 통해 도시를 정의하려고 한다. 도시 내 시민은 대다수가 농업이 아니고 공업 또는 상업에 종사하고 있으며, 이들의 집합체로서 대규모 시장의 존재를 중요시한다.

지리학적인 시각에서는 장소(place) 혹은 특정 위치(location)에 초점을 두고 도시의 개념을 파악하고자 한다. 도시란 비교적 좁은 지역에 다수의 인구가 거주해 인구 밀도가 높으며, 시민은 주로 비농업적 활동을 통해 경제활동을 하고 있고, 행정·경제·문화 등의 인간활동의 중심지 역할을 담당하고 있다는 것이다.

위에서 살펴본 도시 개념의 정의를 위한 시각을 종합해 보면 크게 인구 기준, 물리적 기준, 경제적 기준, 사회적·문화적 기준, 행정적·정치적 기준, 기능적 기준 등으로 정리할 수 있다. 즉, 도시를 정의하는 데 단일의 공통된 정의가 아닌 다양한 기준으로 도시를 규정할 수 있다는 것이다.

❖ **지방자치법**

제7조(시·읍의 설치 기준 등) ① 시는 그 대부분이 도시의 형태를 갖추고 인구 5만 이상이 되어야 한다.

② 다음 각 호의 어느 하나에 해당하는 지역은 도농(都農) 복합 형태의 시로 할 수 있다.

1. 제1항에 따라 설치된 시와 군을 통합한 지역
2. 인구 5만 이상의 도시 형태를 갖춘 지역이 있는 군
3. 인구 2만 이상의 도시 형태를 갖춘 2개 이상의 지역의 인구가 5만 이상인 군. 이 경우 군의 인구가 15만 이상으로서 대통령령으로 정하는 요건을 갖추어야 한다.
4. 국가의 정책으로 인하여 도시가 형성되고, 제115조에 따라 도의 출장소가 설치된 지역으로서 그 지역의 인구가 3만 이상이고, 인구 15만 이상의 도농 복합 형태의 시의 일부인 지역

③ 읍은 그 대부분이 도시의 형태를 갖추고 인구 2만 이상이 되어야 한다. 다만, 다음 각 호의 어느 하나에 해당하면 인구 2만 미만인 경우에도 읍으로 할 수 있다.

1. 군사무소 소재지의 면
2. 읍이 없는 도농 복합 형태의 시에서 그 면 중 1개 면

④ 시·읍의 설치에 관한 세부 기준은 대통령령으로 정한다.

1) 인구 기준에 의한 정의

인구(인구 규모와 인구 밀도)를 기준으로 도시를 정의하는 것은 각 나라의 특성과 여건에 따라 다르지만 현재 도시를 정의하는 가장 일반적인 방법으로 활용된다.

인구 규모는 도시와 농촌을 구분하는 보편적인 방법으로 사용되는 기준으로 도시로 정의하는 인구 규모는 나라마다 다른 기준을 가지고 있다. 인구 수의 면에서 보면 도시는 촌락에 비해 큰 인구집단을 이루는데, 도시로 규정하고 있는 인구의 기준은 덴마크·아이슬란드 250~300명 이상, 프랑스·독일 2,000명 이상, 미국·태국 2,500명 이상, 일본·한국 5만 명 이상으로 정하는 등 도시로 정하는 기준은 나라에 따라 다르게 규정된다. 또한 인구 밀도도 촌락과 대비되는 도시가 높다. 그러나 도시의 인구 밀도는 각 나라의 국민소득, 기후 환경, 경제구조 등과 관계가 있다. 예를 들어 시가지 면적에 대한 인구 밀도를 보면 1km²당 미국·캐나다가 2,000명 내외, 영국·프랑스·독일 등 서유럽 국가가 4,000~5,000명, 일본·말레이시아 등 동남아시아 국가가 1만~2만 명, 스리랑카·모로코 등이 3만 명이며, 인도가 3만~6만 명 이상의 높은 인구 밀도를 나타낸다(Smith, 1980).

이렇듯 인구를 기준으로 도시를 정의하는 것은 보편적이고 가장 많이 활용되는 방법이지만 도시로 규정될 수 있는 인구 기준과 인구 밀도에 대한 명확한 학술적 정의를 할 수 없다는 단점이 있다.

2) 물리적 기준에 의한 정의

도시는 많은 사람이 모여 경제활동을 하는 중심지의 역할을 한다. 따라서 이와 관련된 도로·철도·전철·전기·상하수도·쓰레기처리장·학교·병원·도서관·공원 등과 같은 도시기반시설과 주택·상업시설·행정기관·종교시설 등과 같은 경제활동을 위한 물리적 시설이 있는 곳이다. 따라서 물리적 기준에 의한 정의에 따르면 도시는 촌락에 비해 물질적인 부(富)를 상징하는 인공물이 집결되어 있는 곳이라고 정의할 수 있다.

3) 경제적 기준에 의한 정의

도시를 경제적 기준에 따라 농업 부문(1차 산업)에 종사하는 인구가 촌락에 비해 상대적으로 적고 제2차·제3차 산업에 종사하는 인구의 비중이 많으면 도시라고 정의한다. 즉, 도시를 제조업 및 서비스산업의 중심으로 보는 것이다. 그러나 이러한 정의는 국가마다 가지고 있는 산업 발전 유형이나 과거 도시는 생산과 서비스 기능의 중심지로, 촌락은 원료 생산지로 구별하는 것은 최근의 정보통신의 발전에 따른 탈산업사회화 등의 영향으로 명확한 구별이 곤란해지는 경향이 커지고 있다.

4) 사회적·문화적 기준에 의한 정의

도시를 일종의 유기적 생명체로 보는 사회유기체설의 입장에서는 사회·경제·정치적 기능이 축약된 유기체로 간주하고 다양한 활동이 일정한 질서 속에서 조직화되는 장소로 정의하고 있다.

멈포드(Lewis Mumford)는 다양한 기능이 축약된 용기(容器)로 도시를 간주한다. 도시를 여러 다양한 사람이 모여 상이한 생활양식과 이질적인 요소를 많이 가지고 있는 곳으로 파악한 것이다.

스펜서(Herbert Spencer)는 도시를 유기체와 동일한 것은 아니지만 유사한 것으로 간주했는데, 이는 19세기의 생물학적 사고, 진화적·유기체적 사고이며, 도시의 단위적 성격과 부분의 상호의존성을 강조하는 주장이다(박종화 외, 1994).

유기체로서 도시에 대한 기본적인 접근은 도시를 구성하는 사람들은 대체 가능하고 상호 교환 가능한 것으로 간주하며, 도시는 지속적으로 변화(성장하거나 쇠퇴하거나)한다고 본다.

문화적 차원에서는 도시를 하나의 독립된 소우주로 가정하고 그 속에서 예술·문화가 창조되고 계승되며 다양한 이질성·다양성·복잡성·전문성의 특징을 지닌다고 본다. 따라서 사회적·문화적 다양성에 기초한 도시의 정의는 매우 상이하고 추상적이며 측정하기 어렵다는 단점을 가질 수 있다.

5) 행정적·정치적 기준에 의한 정의

행정적·정치적 기준에 따르면, 도시는 공간적 범위가 정해진 지역 내에서 행정 기능이 집중되어 제한된 자치적 단위로 정의할 수 있다. 개별 도시는 완전한 자치적 행정 기능을 수행하는 것이 아니라 중앙정부와 인접한 도시의 행정 기능에 의해 통제되고 영향을 받는 상호의존적으로 기능하는 제한된 자치정부 단위로 표현할 수 있다. 이러한 자치적 행정 기능의 수행을 위해 도시는 공공정책의 수립과 공공 서비스를 제공하며, 이는 정치적 기능을 포함한다고 할 수 있다.

위에서 살펴본 것과 같이 도시를 보는 시각에 따라 다양한 방식으로 정의될 수 있다. 그러나 앞으로 살펴볼 논의의 기초를 마련하고 도시가 가져야 하는 기본적인 기능에 대해 살펴보기 위해서 여러 도시의 기준에 따라 도시를 정의해 보면 도시란 "한정된 공간에 사람들이 집중되어 행정·정치·경제·사회·문화 등의 다양한 활동이 상호 의존적으로 연결되어 형성되는 생활의 중심지이자 제한된 자치적 단위"로 정의할 수 있을 것이다.

2. 도시 발전과 도시화

1) 도시 발전

우리가 일반적인 개념 속에서 이해하는 도시는 산업혁명 후 국내 지역 간 인구의 대규모 이동에 따라 형성된 도시를 떠올린다. 하지만 도시는 그 이전에도 존재했고 도시 발전의 역사는 우리가 생각하는 것보다 오래되었다고 할 수 있다. 이집트의 나일강, 인도의 인더스강, 중국의 황허(黃河)강 주변의 평야지역에서 고대 도시가 탄생했고 5,000 ~ 6,000년 전 현재 이라크 메소포타미아 지역의 도시를 최초의 도시로 볼 수 있다.

11세기 이후 상업과 수공업이 발전하면서 상인들이 모여들면서 교통이 편리한 지역을 중심으로 점차 새로운 마을이 생겨나기 시작했고, 이후 이민족의 침입이나 약탈을 방지하기 위해 새로운 성(城)이 등장했으며, 도시의 모습을 갖추게 되었다. 서구의 도시는 외적에 대한 방어를 중시해 도시 둘레에 성채(citadel)를 쌓았기 때문에 -ford, -furt, -burg, -pur 등 요새를 뜻하는 어미가 붙는 도시 이름이 많이 생겨났고, 도시 안에 거주하는 상공업자들은 성(burg, 부르그) 안에 산다는 뜻으로 '부르주아'로 불리게 되었다.

초기의 서구 도시들은 대부분 2,000~3,000명이 거주하는 작은 도시에 불과했지만 피렌체와 같이 수만 명의 인구를 자랑하는 대도시로 발전했다.

오늘날의 도시 발달은 산업혁명 이후 기계문명에 힘입은 공업제품의 대량생산 체계의 도입, 제품의 대량 거래 및 대량 수송에 힘입어 성장했다. 기존의 상업도시들은 교통의 요충지에 위치하고 있었기 때문에 새로운 형태의 산업도시로 발전하게 되었으며, 이와 같은 산업의 발전은 고용 기회를 증대시키고, 고용 증대는 많은 사람을 도시로 이동시키는 결과를 낳았다. 또한 사람들을 위한 생활물자의 공급 및 후생·위락·문화·기타 시설 등이 정비되면서 도시적 시가지를 형성하게 되었다.

도시지역으로의 대규모 인구 이동은 인구 수용을 위한 주택 부족, 교통량의 증가와 도로 부족, 환경오염, 상하수도의 부족, 범죄 증가 등의 문제를 수반했고, 이는 도시정부의 역할

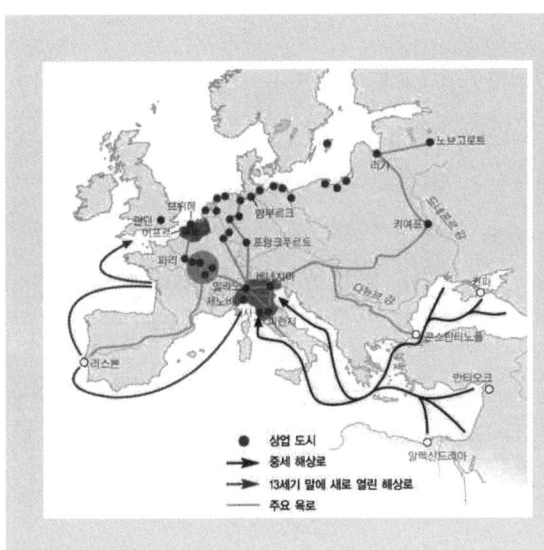

교통을 중심으로 한 도시 발전

과거에는 도시의 발달이 방어적 관계가 우선시되었으나 봉건제도의 붕괴와 근대의 교통 및 정치조직이 발달함에 따라 도시의 발달은 교통이 편리한 곳을 선택하게 되었다. 그리하여 중세시대 이후부터는 교통의 편리함이 도시 발달의 가장 중요한 지리적 요건이 되었다.

출처: 네이버 지식백과.

[그림 5-1] 교통을 중심으로 한 도시 발전

증대를 가져왔다.

우리의 경우도 과거 도시문명은 한반도 대동강 유역의 평양을 중심으로 성장해 삼한시대에는 한반도 전역으로 확산되었다고 볼 수 있다. 마한의 백제국이 백제가 되고, 진한의 사로국이 신라가 되는 등의 과정에서 크고 잡은 성읍(城邑) 국가가 도시로 성장하거나 촌락으로 전락했을 것이다.

『삼국유사』에 신라 전성기에 경주에 17만 8,936호(戶)가 살았다는 기록이 있는데, 1호를 가구로 보느냐 가구로 보지 않느냐에 따라 최대 100만 명에서 최소 17만 명의 사람이 살았다는 것으로 해석될 수 있다.

고려시대의 경우에도 이수광(李睟光)의 『지봉유설(芝峯類說)』에 따르면, 고려의 수도인 개경(開京: 지금의 개성)에 13만~15만 정도의 인구가 살았다고 한다. 이 밖에도 조선시대 후기에는 한성에 18만, 개성 2만 7천, 평양 2만, 상주 1만 8천, 전주 1만 6천, 대구 1만 3천, 충주 1만 2천이 살았다는 기록이 있다. 이러한 기록에 따르면, 서구 도시의 인구와 비교해 조선시대 도시 인구는 결코 적은 수가 아니었음에도 불구하고 산업화를 통해 도시화가 나타난 서구 도시에 비해서는 우리가 개념적으로 정의한 도시적 특성을 완전히 갖추었다고 보기 어려운 점이 있다고 하겠다.

2) 도시화

도시 발전과 관련된 역사를 간단하게 살펴보았을 때 도시에 인구와 경제활동의 집중성이 나타나고 있음을 알 수 있다. 따라서 도시가 발전했다는 것은 인구의 도시 집중과 인구 집중으로 나타난 부수적인 여러 가지 의미를 내포하는 것이 도시화가 진행되었다고 할 수 있다.

프리드만(John Friedmann)은 도시화와 관련한 내용을 정리해서 도시화를 사람과 경제적 활동이 도시에 집중하는 현상과 도시적 가치, 행태, 제도의 지리적 확산으로 정의했다(Friedmann, 1973).

학자들의 연구 분야나 접근 방법에 따라 도시화(urbanization)의 개념 정의는 다를 수 있겠지만 도시화는 인구가 도시 지역으로 집중되는 과정으로, 도시적 생활양식으로의 변화를 수반한다는 것에는 개념적 차이가 없다고 하겠다.

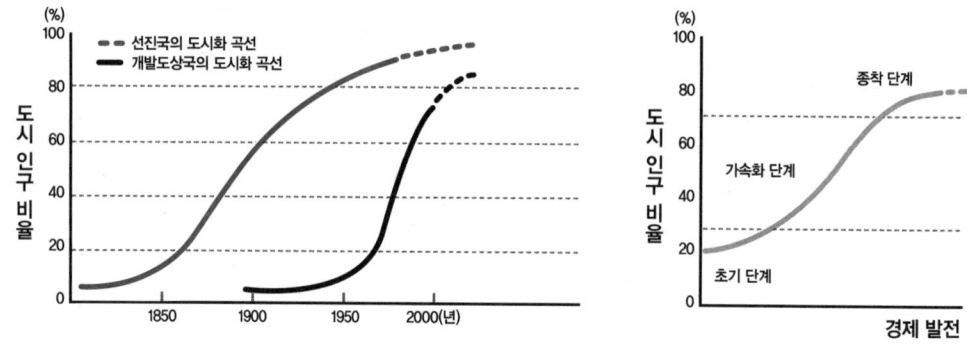

[그림 5-2] 도시화에 따른 도시 인구 비율

사람들이 도시로 집중하는 이유는 도시가 사람들에게 농어촌에서의 삶보다 편익을 더 많이 가져다주기 때문이다. 이러한 도시화의 요인을 흡인 요인(pulling factor, 도시공업화[산업화]), 고용 기회의 확대, 규모의 경제, 집적의 이익(클러스터 현상), 정치적 안정, 교육·여가 기회 등, 교통통신의 발달, 인력자원 및 시장성 등과 추출 요인(pushing factor, 영농기계화 및 과학화, 농촌사회의 안정 또는 상대적 빈곤, 도농 격차, 가치관의 변화[도시에 대한 동경] 등)으로 설명하고, 하우저(Hauser, 1966)는 ① 인구 분포와 지역 간 이동이라는 측면에서 개별 국가의 총

인구 규모, ② 인간의 정주(定住) 형태를 기본적으로 결정짓는다는 측면에서 자연환경, ③ 자연환경을 극복하고 생산력을 가속화시키는 원동력이라는 측면에서 기술 발전, 그리고 ④ 대규모 정주활동을 가능하게 한 인간의 사회조직 발달 등을 도시화의 수준을 결정짓는 요인으로 지적한다(박종화 외, 1996).

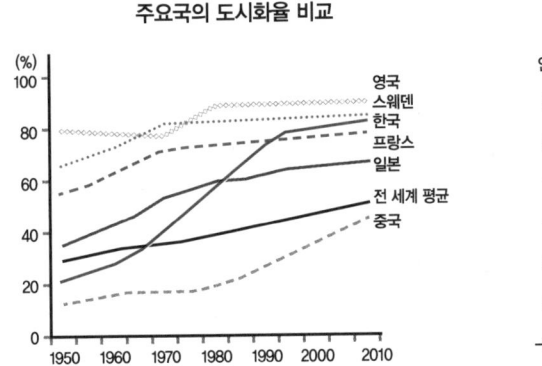 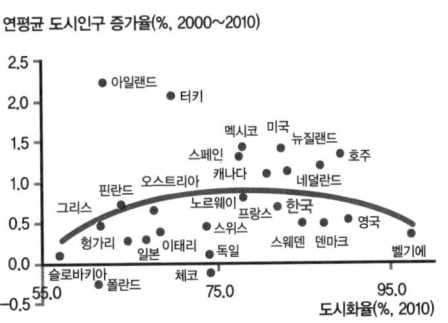

출처: UN Population Division 〈http://esa.un.org/unup〉; World Bank.

[그림 5-3] 주요국과 도시의 도시화율 비교

여러 요인에 의해 이루어지는 도시화는 ① 집중적 도시화(도시 중심지역으로의 대폭적인 인구 집중과 교외지역의 인구가 감소하는 단계), ② 분산적 도시화(도시의 외연적 확대에 의한 도시화), ③ 역도시화(인구 분산이 광역적으로 이루어져 중심부와 교외를 포함하는 대도시권 전체 인구가 감소해 도시가 쇠퇴하고 슬럼화[slum]·노령화 등이 나타나는 단계), ④ 재도시화(고소득층을 중심으로 도심 부근에 고급주택지 등이 재집중되는 현상) 단계를 거친다.

우리나라의 도시화는 선진국의 도시화 단계와 조금은 다른 개발도상국의 경우와 비슷하다. 개발도상국의 도시화는 기본적으로 농촌에서 도시로 인구가 집중되는 현상과 도시인구의 자연 증가에 기인한다. 이러한 도시화의 특징으로 ① 가(假)도시화(도시의 산업화 없이 농촌인구의 일방적 유입으로 나타난 여러 가지 도시문제의 원인으로 작용), ② 과잉도시화(도시화 수준이 산업화 수준보다 더 높은 상태의 도시화), ③ 간접도시화(도시지역 내에 농촌인구 비율이 높고 그들이 도시인구로 간주되는 도시화), ④ 종주(宗主)도시화(다른 도시와 비교해 제1도시로 인구가 집중되는 현상)가 나타난다.

제2절 도시의 유형

1. 공간구조에 의한 도시 유형

19세기 산업혁명으로 인한 도시화 과정은 기존의 상업도시와 비교해 여러 가지 많은 변화를 가져왔으며, 오늘날의 도시 발달은 산업사회와 연관되어 있다고 할 수 있다.

산업화는 도시 내부의 지리적 특성 간의 경제적·정치적·물리적 연계에도 영향을 주었으며, 현대 도시이론에도 상당한 영향을 주었다. 20세기 초 북미에서 도시이론에 영향력이 컸던 시카고대학의 주요 연구에서 도시 내부의 지리적 특성을 나타내는 버제스(Ernest W. Burgess)의 동심원 모델, 호이트(Homer Hoyt)의 선형모델 연구가 있었고, 영국 도시를 대상으로 한 만(Peter Mann)의 모델이 도시 연구에 상당한 영향을 미쳤다.

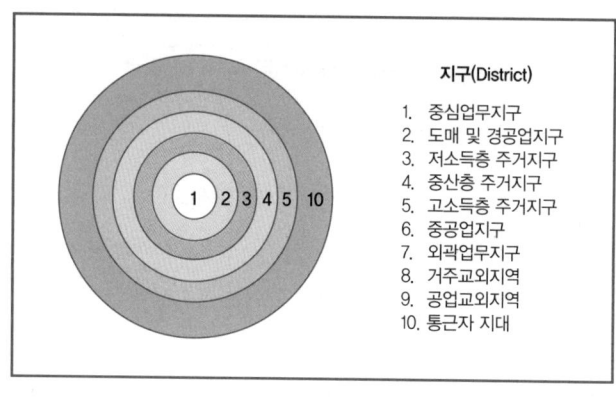

[그림 5-4] 버제스의 모델

동심원 모델은 미국 시카고시를 조사해서 만든 모델로 도시는 반드시 중심업무지구(Central Business District: CBD)를 중심으로 외연적으로 확산하면서 성장한다는 것이 주요한 내용이다. 도시의 성장은 도심부를 중심으로 외곽으로 확장되어 간다는 이론으로 도시 발생 초기의 전형적인 단핵구조를 설명하고 있는 모델로, 도시 내의 공간에 이질적인 요소가 경쟁하고 그 공간을 지배하는 특색을 바탕으로 동심원 형태로 발전한다는 것을 의미한다. 또한 이러한 과정에서 집중(concentration), 분산(decentration), 전문화(specialization), 분절(segregation) 현상이 나타난다고 한다.

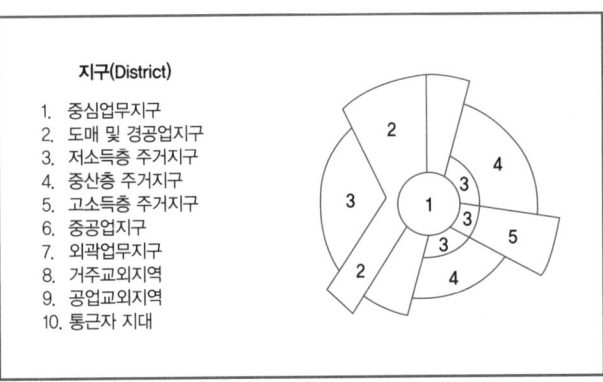

[그림 5-5] 호이트의 모델

선형이론은 1939년 호이트의 논문 「미국 도시에서 근린주택지구의 구조와 성장」에서 도시의 내부구조는 CBD를 중심으로 개발축을 따라 외곽으로 확산되면서 지가, 주거환경, 소득 등에 따라 부채꼴 모양의 섹터를 형성하는 선형구조를 보인다는 선형 모델을 제시했다.

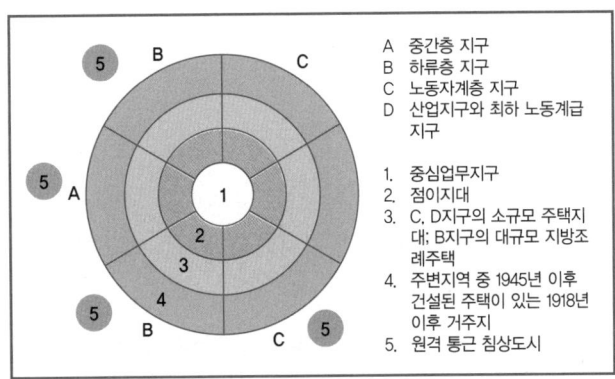

[그림 5-6] 만의 모델

만의 모델은 선형 이론과 동심원 모델을 결합한 영국 도시 개발 모델로 중산층, 중산층, 노동계급, 노동계급, 최하 노동계급의 4개의 기본 구역이 있으며, CBD, 과도기 구역, 작은 주택의 구역 및 1918년 이후 주택으로 구성된 가장 바깥쪽 구역이 있다.

도시 공간구조에 대한 연구는 버제스의 동심원 모델을 바탕으로 한 단핵(單核)도시, 같은 규모의 근접된 몇 개의 도시가 자기 도시에 있는 기능을 다른 도시에서 충족시키기 위해 연합된 다핵(多核)도시, 발달된 교통축을 바탕으로 도시의 형태가 긴 띠처럼 되어 있으며 선상(線狀)과 대상(帶狀)의 도시를 의미한다.

이러한 도시 발전과 관련된 연구에서 나타난 바와 같이 현대 도시 성장의 시발점은 산업화와 밀접한 관계가 있으며, 성장의 요인으로 인구 증가, 도시 경제구조의 변화, 교통 및 통신 수단의 발달, 정치적인 안정, 과학기술의 발달을 중요하게 지적하고 있다.

도시는 현재까지 변화해 왔고 계속 변화해 나갈 것이다. 따라서 이러한 변화의 의미를 이해하려고 노력하는 것은 매우 중요하다. 현재의 도시 형태나 유형을 이해하고 미래의 새로운 도시 형태를 발견해 내는 새로운 산업의 발달과 더불어 사람들이 살아가는 삶의 터전을 이해하고 여러 가지 사회문제를 이해하기 위해서도 필요할 것이다.

현재까지 도시 유형은 인구 규모, 공간구조, 개발정책, 기능에 따라 나눌 수 있으며, 최근에는 도시 내부적 특성을 바탕으로 도심(都心, civic center)과 이너 시티(inner city: 공식적인 경제 메커니즘과 전통적인 사회적 통제와 규제 형태로부터 버려진 지역), 교외지역, 도시 이미지, 도시 재생 등과 같은 관점에서 도시 유형별 지속가능성 확보를 위한 연구가 진행되고 있다.

2. 인구 규모별 도시 유형

1) 소도시

도시에 대한 기준은 국가마다 다르지만 소도시는 일반적으로 인구 1만 명 정도의 취락지역으로 농촌의 중심지 도시를 의미하며 초기 형태의 소도시를 말한다. 우리나라의 경우는 인구 2만 명 내외의 읍 규모를 의미한다.

소도시는 우리가 생각하는 도시 생활환경이나 생산시설을 충분히 갖추지 못한 지역이지만 농촌지역에서 중심 상권을 형성하고 있는 지역으로 지역을 개발하는 데 최소 단위로 농공지구가 입주하거나 새로운 개발을 위한 대상지로서 점차 2차, 3차 산업의 성격으로 변화되고 있는 지역이다.

2) 중소도시

인구 5만~50만 명 정도의 규모를 가진 도시로서 일정한 도시 요건을 갖추고 있고, 하나의 중심지를 바탕으로 도시마다 독특한 경제적·문화적 특성을 가지고 있다고 할 수 있다. 또한 도시의 성격에 따라 기능별 역할을 수행한다.

3) 대도시

인구 규모별 분류에 따라 도시의 유형을 분류할 때 대도시(megacity)는 거대도시와 중소도시 중간에 있는 도시로 인구 50만 명 이상의 도시를 의미한다. 인구 기준은 시대에 따라 달라질 수 있지만 대도시는 우리나라에서 자치구가 아닌 행정구를 설치할 수 있는 도시로 지방의 거점도시 역할을 수행한다고 볼 수 있다. 우리나라의 경우 인구 규모가 100만 이상인 부산, 대구, 광주, 대전, 인천 등을 대도시로 본다.

4) 거대도시

큰 도시로 표현하는 거대도시는 전 세계의 급격한 인구 증가와 도시화 진전에 따라 형성된 도시로 인구 500만 명 이상의 규모를 가지는 도시를 메트로폴리스(metropolis)라고 한다. 우리나라에서는 인구 100만 이상의 광역시를 의미하는 것으로 이해되기도 한다.

메트로폴리스는 정치와 경제의 중심이 되는 도시를 말하며, 세계적으로도 중요성을 가진 지역으로 런던, 뉴욕, 파리 등이 대표적인 메트로폴리스라고 할 수 있다. 메트로폴리스는 성장하는 대도시 주변 지역의 도시적 기능의 핵심 역할을 담당하며, 대도시 주변 지역의 대도시 지역화를 통해 하나의 거대도시로 성장한다.

5) 초거대도시

거대도시인 메트로폴리스 몇 개가 연달아 띠 모양으로 연결되어 연속된 다핵적 구조를 가지는 거대한 도시지대를 이루고 여러 다양한 도시적 활동이 집중되어 복합적이며 다양한 경제산업적 특성을 가진 도시를 초거대도시(megalopolis)라고 말한다.

초거대도시는 전국적인 영향력이 매우 높으며 세계적으로도 독특한 도시 이미지를 형성하는 지역으로 미국 북동부의 보스턴, 뉴욕, 필라델피아, 워싱턴을 잇는 지역, 그리고 네덜란드 암스테르담, 로테르담, 헤이그, 유트레이트 지역을 묶은 란트스타트(Randstad) 등이 해당된다. 메갈로폴리스는 1950년대 지리학자 장 고트망(Jean Gottman)에 의해 명명되었으며, 그리스어로 크다는 뜻의 메갈로와 도시를 뜻하는 폴리스의 합성어이다.

우리나라의 경우 서울은 메가시티, 부산, 인천, 대구, 대전, 광주, 울산, 수원은 메트로폴리스, 인천-서울-수원 지역은 메갈로폴리스라고 할 수 있다.

3. 개발정책에 의한 분류

1) 전원도시

도시는 많은 사람이 모여 살고 있어 구조적으로 자연과 분리되어 있다고 하겠다. 도시는 고용 기회나 경제적인 기회가 많고 고임금 직업이 많지만 지대와 물가가 상대적으로 비싸다. 그러나 농촌은 전원과 상대적이지만 낭만이 있으며 또한 맑은 공기와 깨끗한 물이 있고 지대와 임금이 비교적 싸다.

이러한 장점을 바탕으로 하워드(Ebenzer Howard)는 이상적 성격의 전원도시를 제시했는데 자연의 미(美), 사회경제적 기회, 공원 등의 접근성, 저렴한 주택가격, 저물가, 고임금의 이상도시(都市理想)를 만들자는 것이다. 실제로 이러한 전원도시운동은 영국 등에서 개발정책에 반영되어 실제 도시가 건설되었다.

2) 뉴타운(신도시)

뉴타운(new town)은 모도시의 지나친 확장을 억제하기 위해 개발억제지역(그린벨트 등)을 지정하고 그 외곽에 5만 명 규모의 새로운 도시를 건설해서 모도시의 인구를 분산시켜 뉴타운에서 자족적인 기능을 수행할 수 있도록 만드는 정책이다.

실제로 대런던 계획에 따라 영국에서 뉴타운의 건설이 시작되었고, 이후 각 나라의 특성에 맞는 뉴타운이 건설되었으나 자족도시보다는 침상도시(bed town)적 뉴타운의 건설이 많아 모도시와 교통문제 등이 발생하고 있다.

뉴타운은 모도시와 연계된 성격을 가지고 있다고 할 수 있지만 기성 시가지가 없는 새로운 곳에 계획적으로 도시를 건설하는 경우도 있는데 호주의 캔버라, 인도의 찬디가르, 브라질의 브라질리아, 우리나라의 세종시는 기존 도시와는 다른 새로운 신도시로 건설된 뉴타운의 일종이다.

3) 성장거점도시

성장거점도시는 대도시로의 인구 집중을 억제하고 전국의 균형적인 발전을 위해 지방도시의 중심 지점을 거점도시로 개발하는 정책도시를 의미한다. 거점도시는 지역의 균형적 발전을 도모하기 위해 집중적인 투자를 통해 기업 유치, 인구 유출 방지, 주변 지역에 고용 기회 제공, 도시적 서비스 제공을 할 수 있도록 개발하는 것으로, 우리나라의 경우 제2차 국토개발계획에서 채택된 방법으로 대구, 대전, 광주를 1차 성장 거점으로 하고, 남원·목포·순천·진주·제주 등을 제2차 성장 거점으로 지정해 도시를 육성했다.

4) 신산업도시

신산업도시는 새로운 산업을 육성하기 위해 도시 또는 구역을 법률로 지정해 새로운 산업 육성을 위한 다각적인 지원을 할 수 있도록 하는 도시이다. 신산업도시는 국가의 기간산업 육성이나 외국인 투자 유치, 첨단산업을 육성하기 위한 고도 기술집약단지, 테크노파크(techno park), 테크노폴리스(technopolis) 등을 건설하는 것을 의미한다.

5) 창조도시

창조도시는 도시가 가지고 있는 문화적 장점을 활용해 문화·예술을 통한 도심재생 및 도시의 경쟁력을 확보하는 전략적 도시 개발이다. 창조도시는 문화가 가진 다양성과 추상성을 바탕으로 지역문화 활성화, 관광객 유치, 지역경쟁력 강화를 추진하는 도시로 유네스코는 사라져 가는 문화 유산을 보호하고 효율적으로 관리하는 동시에 지역의 정체성을 확립할 수 있는 창조도시를 지원하고 있다.

6) 혁신도시

혁신도시는 수도권에 집중되어 있는 공공기관을 지방으로 이전하면서 산·학·연·관이 긴밀히 협력할 수 있는 최적의 혁신 수준과 지방에 정주 여건이 훌륭한 미래형 도시를 만드는 것을 의미한다.

혁신도시는 우리나라 정부에서 지방도시 활성화 및 경쟁력 강화를 목적으로 추진하고 있으며 사이언스파크, 혁신클러스터, 신도시 건설의 개념을 포함한다. 혁신도시의 추진은 지역의 균형 발전은 물론 지역적 차원에서 자립형 거점 확보, 차세대 공간, 전략산업 육성 등의 다양한 목적을 가진 도시 개발 정책이다.

4. 기타 분류로 본 도시

1) 경제 규모로 본 도시

전통적으로 도시를 유형화하는 데 인구 기준을 가장 일반적으로 활용하고 있지만 인구가 아니라 경제 규모로 도시를 비교해 분류하는 경향도 나타나고 있다.

경제 규모에 따른 도시 규모의 순위는 변동이 있을 수 있지만 아시아에서는 도쿄(東京), 서울, 베이징(北京), 상하이(上海) 등의 시들이 높은 순위에 이름을 올리고 있으며, 뉴욕, 로스앤젤레스, 시카고, 파리, 런던, 필라델피아, 워싱턴DC 등이 대표적인 상위권 도시들이다.

또한 이러한 경제 규모의 특성과 사회환경의 변화에 따라 에어로트로폴리스(aerotropolis)라는 용어도 있다. 인터넷과 세계화의 급진전으로 사람과 물자의 이동이 크게 늘어남에 따라 공항의 중요성이 커지고 있으며, 공항 주위에 각종 시설물이 몰려들게 되면서 경제 규모가 집중되는 현상이 생겨나고 있다. 따라서 공항 중심으로 형성되는 도시를 에어트로폴리스, 즉 공항도시라고 부른다. 페덱스(Fedex)의 허브인 멤피스와 유피에스(UPS)의 허브인 루이빌이 대표적인 도시라고 할 수 있다.

2) 삶의 질로 본 도시

도시를 분류하고 접근하는 방식이 인구나 경제 규모 등에 의한 것이 아니라 도시민의 안전성, 보건, 문화와 환경, 교육, 인프라 등을 종합적으로 고려해서 도시의 삶의 질에 따라 도시를 분류하는 방법도 있다.

다국적 컨설팅업체인 머서(Mercer)는 전 세계 도시생활의 질을 평가해 매년 순위를 발표한다([그림 5-7] 참조).

[그림 5-7] 머서의 세계 도시생활의 질 평가 순위

토론 과제

1. 도시의 개념에 대한 학자들의 견해를 정리해 보시오.
2. 도시를 기준에 따라 정의해 보고 각자 자신의 견해를 정리해 보시오.
3. 세계적인 도시화 경향에 대해 설명해 보시오.
4. 우리나라 도시화의 특성이 무엇인지 자신의 견해를 정리해 보시오.

제6장

현대 도시의 변화와 도시경제

앞 장에서는 도시의 생성 및 발달과 도시를 보는 기본적인 시각에 대해 학습했다. 이 장에서는 도시에서 살아가는 사람들의 변화 욕구와 사회·경제적 변화로 생기는 현대 도시의 변화 방향과 사람들의 삶에 직접적으로 영향을 미치는 도시경제에 대해 학습한다.

제1절 새로운 도시경제 분야의 성장

1. 서비스 경제의 성장

도시의 발전이 기본적으로 세계 경제 상황을 반영하고 있다는 것은 자명하다. 그렇다면 기존의 도시 발전에 대한 시각도 도시 내부의 구조나 산업구조에 대한 관점에서 벗어나 세계적인 관점에서 도시 발전을 이해해야 할 것이다.

북미와 유럽의 주요 도시는 기본적으로 산업자본의 팽창에 기반을 두고 발전을 지속했다. 그러나 1980년대 초 기존 도시의 상당수는 경제구조의 변화에 따른 문제에 직면하게 되었다. 신생 공업국가나 세계 경제에서 주변 지역으로 인식되었던 국가로의 제조업 이전은 영국, 북미, 유럽 같은 구(舊) 산업국가의 탈산업화를 촉진했다. 탈산업화의 가장 중요한 주체는 다국적 기업으로 알려진 대기업에 의해 주도되었다. 이들 기업은 1970년대 중반 이후 세계 경제에 중요한 영향을 미쳤다. 또한 이러한 영향은 기존의 도시 경제구조의 변화를 초래하는 계기가 되었다.

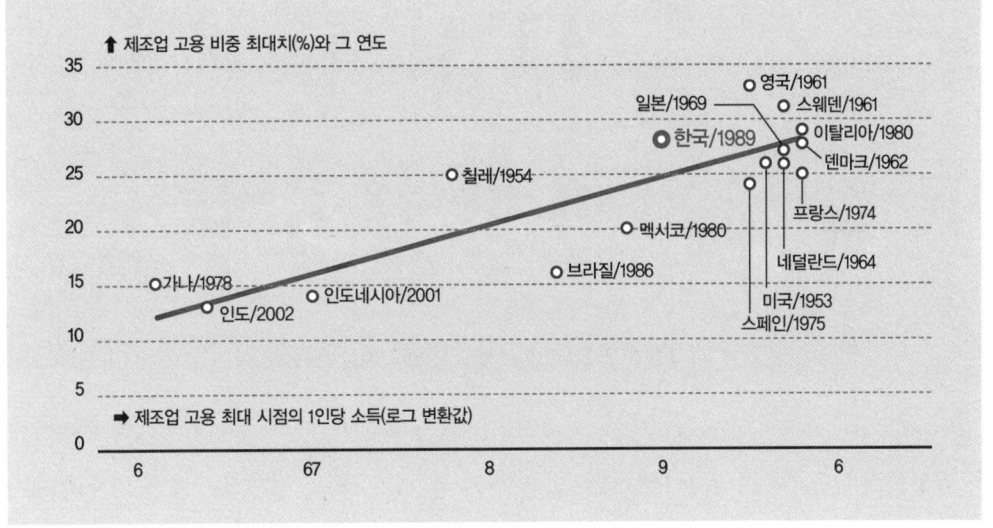

출처: 로드릭(2015), '때이른 탈산업화', 전미경제조사국(NBER) 워킹페이퍼(www.nbar.org/papers/w20935).

[그림 6-1] 세계 각국 제조업 고용 정점기 및 당시 1인당 소득 수준

물론 북미와 유럽의 모든 도시가 경제구조의 변화와 탈산업화의 과정에 영향을 받은 것은 아니지만 이러한 탈산업화가 1970~80년대 도시에 영향을 미친 가장 중요한 경제적 과정인 것은 사실이다. 1970년 이후 대도시의 인구 감소(역도시화) 현상과 인구의 교외화는 주로 중산층 이상의 사람들이 교외지역으로 이동하는 사회적 현상을 초래했다. 반면에 사회적 약자 계층의 경우 이동이 제한적인 영향과 함께 탈산업화 현상과 결합한 공장 폐쇄나 이전과 더불어 이너 시티(inner city) 지역에 경제적 진공 상태를 초래했고 소득, 생활양식, 경제적 기회

등의 측면에서 도시 인구의 공간적 양극화를 가져왔다. 더욱이 이너 시티의 경우 경제적 역동성과 단절 현상을 통해 많은 도시문제를 낳았다. 한편 이 시기 경제적 성장을 거둔 새로운 산업도시나 신생 개발도상국의 도시들은 급격한 도시화 및 인구집중 현상을 경험하게 된다.

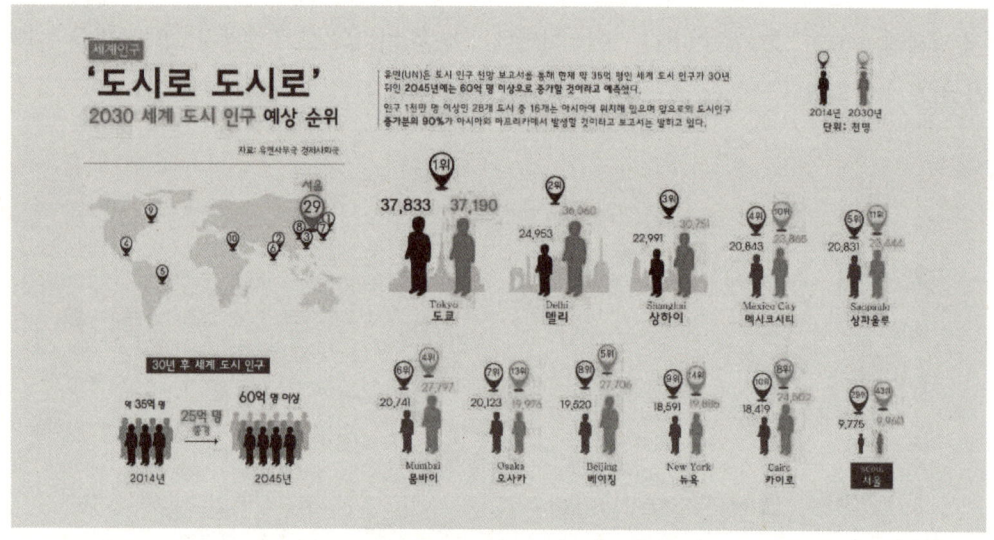

[그림 6-2] 2030년 세계 도시 인구 예상 순위

탈산업화를 극복하기 위한 방안으로 많은 선진 국가와 도시는 경제적 구조를 기존의 제조업 중심에서 서비스산업으로 변화시키는 것에 주목했다. 또한 이러한 현상은 1980년대 초반 서비스 부문의 성장과 고용 성장은 아주 낙관적이었다. 유럽, 북미 그리고 호주의 수많은 도시에서 이러한 대체산업 부문의 성장이 기존의 제조업 쇠퇴에 대한 부작용을 막아 줄 것으로 생각했다.

그러나 서비스산업의 성장은 기존의 제조업 분야의 쇠퇴와 관련된 도시구조 및 고용과는 상이한 부분이 많았으며, 특히 제조업의 탈산업화와 맞서온 장소와 사람들과는 매우 다른 공간적인 이질성을 가지고 있었다. 과거 제조업의 핵심 지역이라고 할 수 있는 도시인 볼티모어, 피츠버그, 클리블랜드, 디트로이트, 시카고와 같은 도시에서는 기존 제조업에서의 실업을 서비스 부문에서 완전히 흡수할 수 없었다. 미국의 경제 성장은 캘리포니아와 같은 새로운 기술을 이용한 산업 벨트를 중심으로 성장했고, 쇠퇴하는 지역과는 현격히 대별되었다.

이러한 러스트 벨트(rust belt) 지역은 서비스 부문의 성장이 둔화되고 남성 고용은 대규모 감축이 이루어졌다. 새로운 서비스 부문에서는 제조업의 실업과는 상당히 이질적인 노동시장의 유연성 강화를 통한 임시직 같은 유연적인 고용이 증가했고, 여성의 노동력 제공도 늘어났다.

이러한 노동시장과 경제구조의 변화는 기존의 중산층 붕괴를 가져왔고, 수입 기회의 양극화와 기존의 가족 생계를 담당하는 남성 중심 역할의 변화도 초래했다.

도시의 성장 발달을 먼저 경험한 선진국의 변화는 다양한 영역에서 전 세계적으로 영향을 주었다. 텔레커뮤니케이션 기술의 발전은 기업의 기능에 따른 공간적 분화를 촉진했고, 기존의 제조업 중심 지역에 위치하던 기업은 해외 지역의 값싼 노동력을 활용한 다국적기업화 방식을 선택했으며, 이로 인한 개발도상국 도시의 성장이 촉진되었다. 물론 우리나라의 제조업과 서비스산업의 발전과 관련되어서도 이와 유사한 현상을 보여 주고 있다.

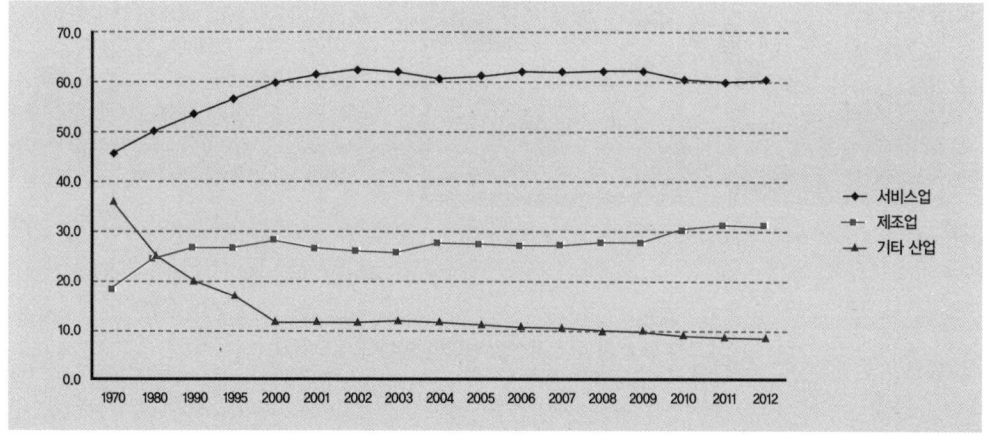

출처 : 한국은행 경제통계시스템, 국민계정 연간지표.

[그림 6-3] 우리나라 산업별 비중 추이

2. 도시경제 변화와 특성

도시는 끊임없이 변화하고 성장하고 있다. 기존 산업혁명과 관계된 제조업 기반의 도시 발전에서 서비스경제의 성장에 따른 도시경제 및 도시구조의 변화에 대한 대략적인 경향을 살펴보았다.

도시경제가 새로이 성장하는 부문으로 재구성되는 방식과 특성을 살펴보는 것은 현재 또는 미래의 도시에 대한 이미지를 그려 볼 수 있는 중요한 요소이다.

1980년대 후반 유럽과 북미의 도시들은 새로운 산업의 성장에 따라 기존 대도시를 중심으로 인구가 집중되면서 경제가 성장하기 시작했다. 기존의 탈산업화 경향과 서비스 경제 성장은 기존의 도시의 구조와 소도시의 성장 패턴에 영향을 미쳤으며 도시 체계의 변화를 유발했다.

- 혁신기술 제조업의 육성과 네트워크 활성화를 위해 2017년 9월까지 14개 혁신연구소를 설립해 운영
- 기존의 쇠퇴한 도시의 경쟁력과 도시 내부의 공간적 재조정을 비롯한 도시재생을 위한 정책을 진행
- 3D 프린팅, 첨단 감지(sensing) 기술, 신소재 디자인·합성·프로세싱, 디지털 제조 기술, 제조공정 효율화 기술, 나노 소재·구조·시스템 생산공정, 생물정보학, 첨단 검사기술, 산업용 로봇, 바이오, 기타 첨단 복합기술 등 11개 핵심 기술 선정

출처: Manufacturing USA: Securing America's Manufacturing Future.
https://www.manufacturingusa.com/pages/how-we-work

[그림 5-1] 미국의 러스트 벨트와 활성화 네트워크

유럽과 북미를 중심으로 세계적인 도시 체계뿐 아니라 국가 내부에서의 도시 체계의 변화도 가져왔다. 런던, 파리, 암스테르담, 취리히와 같은 도시는 상호 연결되어 세계 도시의 중심으로 성장했고, 각국의 중소도시는 이에 따른 도시 체계 속에서 새로운 성장의 기회를 가질 수 있었다. 도시 입지를 강화한 도시는 최첨단 기술산업 중심, 새로운 서비스산업의 중심으로 성장했고, 초고속 통신과 새로운 교통 체계를 바탕으로 빠르게 연결되었다.

현대의 도시경제의 변화에 따라 도시의 특성을 살펴보면 첫째, 도시는 자신들이 가지고 있는 장점을 활용해 국내 기업은 물론 다국적 기업의 유치를 통해 새로운 도시로의 특성을 가지게 되었다. 이러한 변화는 국가경제의 지리적 변화를 반영하는 것이며, 제조업 위주의 도시나 지역의 쇠퇴를 의미한다. 이러한 경향은 미국에서 본사 기능(제조업 위주의 기능)을 상실한 서부 도시에서 확연히 볼 수 있다. 즉, 유럽과 북미에서 기업 본사의 위치가 제조업 위주 도시에서 서비스 경제와 관련된 도시로 이전하고 있음을 일반적으로 볼 수 있다.

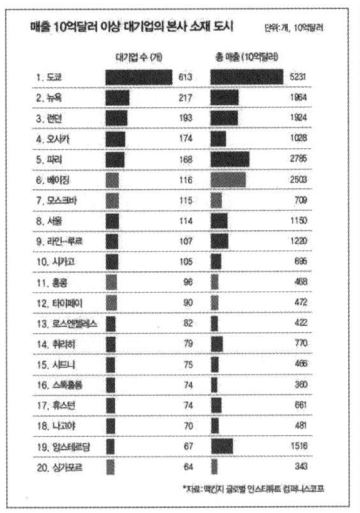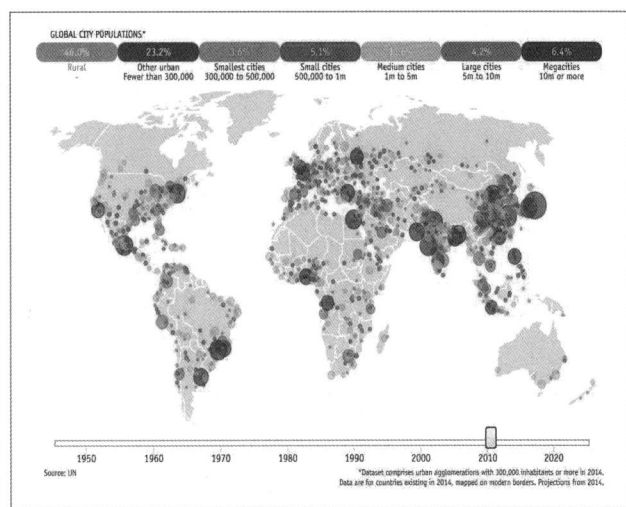

[그림 6-4] 매출 10억 달러 이상 대기업의 본사 소재 도시

두 번째로 도시경제 변화에 따른 도시 특성은 생산자와 서비스가 융합되어 생산자 서비스의 역할이 중요해진다는 것이다. 생산자 서비스는 기업에 법률, 금융, 광고, 컨설팅, 회계 등을 제공하면서 다양한 전문적 투입 요소를 바탕으로 급변하는 시장 조건에 신속한 대처를 요구하는 기업에는 점점 더 중요한 역할을 담당하게 된다. 특히, 유럽과 북미의 대도시를 중심으로 한 생산자 서비스 연계는 국가경제에 매우 중요한 부분으로 성장했고, 도시 내부의 지리적·공간적 특성에도 많은 영향을 주었다.

생산자 서비스의 중요한 소비자는 다국적 본사들이다. 이들 기업은 시장환경 및 새로운 기술의 발달에 따라 발생하는 복잡성, 이익 극대화를 위한 효율화를 위한 새로운 경영 방식의 도입 등에 매우 민감하며, 이는 매우 정교한 생산자 서비스의 수요를 확대하는 효과를 가져왔다. 또한 이러한 생산자 서비스는 세계적으로 분포된 기업의 연결 체계를 형성하고 하나의 경제 체제로 묶어 주는 역할을 했다. 세계적인 도시에 기업의 본사가 집중하는 것은 생산자 서비스의 활용뿐 아니라 주변에 충분한 상품시장을 제공받기 때문이다.

생산자 서비스의 성장은 도시가 창출하는 이윤과 연계되어 있으며, 금융과 투자 서비스 등을 통해 새로운 초과 이윤을 가져온다. 이러한 초과 이윤은 대도시 중심에서 토지, 자원, 투자 등의 경쟁력을 확보할 수 있으며, 이러한 경쟁력은 기존의 다른 분야에 도시 중심부를 차지할 수 있는 경제적 압박을 가져올 수 있고, 이는 생산자 서비스 분야 이외에 다른 분야의 공간적 이동을 야기한다. 즉, 경쟁에서 밀린 분야는 도시 외곽으로의 이전은 물론 기존 공간의 이너 시티(inner city) 문제를 야기할 수 있다는 것이다.

세 번째로 새로운 도시경제의 구조에 따라 도시에 연구개발 기능이 추가되고 있다는 것이다. 기업 본사 또는 생산부서와의 인접성, 고급 인력과의 접근성은 기업연구소와 개발 기능의 입지도 매우 중요하다. 이러한 도시들은 기업 본사가 있는 대도시, 대학 또는 다른 연구기관의 인근 지역, 연구개발과 생산을 통합하려는 산업의 필요성을 충족한다. 최근 도시들의 경우 과학기술단지와 대학 그리고 사업체가 연계된 도시공간을 통해 혁신적인 산업경제 구조를 변화시키려고 노력하고 있으며, 많은 도시정부는 이러한 공간 확보를 위한 경쟁을 치열하게 진행하고 있다.

마지막으로 도시경제의 변화 특성에서 많은 도시가 신산업공간과 관련된 변화를 보인다는 것이다. 신산업공간은 기존의 산업입지 형태와는 구별되는 특징을 가진다. 새로운 산업은 양질이며 기능적으로 유연한 노동력에의 접근성, 꾸준한 혁신과 기업 간의 연계 및 협력을 용이하게 하는 환경과 기반시설, 기업 및 국내외 시장과 연결되는 기업 본사와 대학, 그리고 다른 연구기관 간의 커뮤니케이션 연계가 필요하며, 이러한 특징은 지리적·공간적 특성에 기인한다기보다 사회적 특성에 기인하는 경향을 갖는다.

새로운 경제구조에 대해 변화하는 도시들의 특성과 관련해 아직 명확한 정의가 내려진 것은 아니며 지금 현재도 많은 학자에 의해 연구가 진행되고 있다. 대도시와 관련된 연구뿐 아니라 지역의 중소도시도 도시의 경쟁력 확보를 위한 시티노믹스(citynomics)를 시도하고 있으며, 다양한 상상력, 문화, 친환경과 관련된 경제성·문화성·예술성·창조성 등을 바탕으로 생존전략을 추구하고 있다. 도시의 경쟁력은 새로운 경제구조뿐 아니라 다양한 특성을 바탕으로 하기 때문에 독일의 경우 인구 100만 명 이상인 도시가 4곳으로 베를린 339만, 함부르크 165만, 뮌헨 130만, 쾰른 102만 명이다. 특히, 큰 도시로 알고 있는 프랑크푸르트는 65만 명이며, 에센, 뒤셀도르프, 슈투트가르트, 브레멘, 하노버, 드레스덴, 뉘른베르크, 라이프치히 등은 모두 50만 명대에 불과하다. 이러한 도시는 각자의 특성에 맞는 콘셉트와 이미지를 바탕으로 새로운 경제구조를 만들어 내고 있고 훌륭한 개성을 만들어 내고 있다.

제2절 도시정책과 도시의 변화

 일반적으로 도시를 정의하는 데 정치학적·경제학적·행정학적·사회학적 등 접근 방법에 따라 관점이 달라지는 것을 학습했다. 또한 도시경제의 구조와 성장에 따라 전체적인 도시의 성장과 쇠퇴에 미치는 영향이 매우 크다는 것을 우리는 역사적 경험을 통해 잘 알고 있다. 여기에서는 다양한 관점에서 도시에 대한 시각을 바탕으로 도시정책이 무엇이며, 도시정책의 순환 과정, 그리고 도시경제 발전을 위한 정책을 살펴보도록 할 것이다.

1. 도시정책의 개념과 필요성

 도시가 지닌 고밀도와 대규모성에 초점을 두고 여기서 비롯되는 질서 유지를 위한 국가의 통제와 민주 체제 구축이라는 정치적 측면을 강조하는 정치학적 관점을 도시 정의와 공간의 집중, 규모의 경제(economies of scale), 군집 효과(clustering effects) 혹은 집적 효과(agglomeration effects)에 관심을 두고 경제활동에서 중시되는 시장을 중심으로 소비도시, 생산도시, 상업도시 등을 연구하는 경제학적 관점, 다수의 사람이 일상생활을 영위하는 데 일상활동의 좁은 경계를 넘어 광범위한 통합·조정 체계 속에서의 공동체에 관심을 두는 사회학적 관점 등 도시에 대한 정의에 따라 도시에서 일어나는 다양한 형식의 이벤트를 어떻게 관리하고 조정할 것인가에 대해서는 여러 가지 해석과 연구가 진행되고 있다.
 행정학적인 관점에서도 마찬가지로 도시는 행정구역의 한 단위이고 도시지역은 도시로 묘사되는 인구 5만 명 이상 되는 지역을 의미한다. 대부분의 도시는 농촌보다 인구 규모나 기능적인 측면에서 전문화의 정도가 높고 도시적 생활양식의 특징을 가지고 있지만 두 지역을 명확하게 구분하는 것은 쉽지 않다.

일반적으로 도시를 보는 여러 관점에도 불구하고 인구 규모, 비농업 분야 종사자의 비율, 물리적 특성 등을 고려할 때 한정된 공간에 많은 인구를 수용하기 위한 주택, 상하수도, 도로 및 교통시설, 상업시설을 갖추고 있으며, 지형지물과 행정구역 등에 의해 비교적 명확한 경계를 가지고 있고, 다양한 산업구조, 사회기반시설 등의 기준에 따라 대·중·소도시, 관광·산업·서비스도시, 중심·주변도시 등 다양한 유형으로 구분한다.

이러한 복잡한 도시적 요소는 도시 내부에서 다양한 문제를 발생시키고 이러한 문제 해결을 위한 정책의 필요성을 강화시킨다. 공공정책(public policy)은 국가나 지방자치단체 등 공공기관이 다양한 문제를 해결하기 위해 의도적으로 사회와 시장에 개입해 사람들에게 영향을 미치는 행위에 대한 원칙 또는 지침을 의미하며(Dunn, 2008), 도시에서 발생하는 다양한 문제를 해결하기 위해 지방자치단체, 중앙정부, 공기업 등 각종 공공 서비스를 제공하는 공공기관과 지역주민 및 시민단체 등이 지역사회 및 시장의 여러 영역에 직·간접적으로 개입해서 문제를 해결하는 공공정책이라고 할 수 있다.

도시정책은 일반적으로 도시라는 구체적인 공간과 그 공간에서 생활하고 있는 주민을 대상으로 한다는 특징을 가진다. 우리가 이미 살펴본 것과 같이 사회가 산업사회(포디즘)에서 후기산업사회(포스트포디즘)로 바뀌는 과정에서 도시경제 구조의 변화에 따라 도시의 성장과 쇠퇴가 다양하게 나타난다는 것을 학습했다. 제조업 중심의 보스턴시, 피츠버그시, 디트로이트시는 다 같이 쇠퇴를 경험했고 미국의 디트로이트시와 일본의 유바리(夕張)시의 경우 침체를 거듭한 끝에 파산을 선언하기도 했다. 보스턴시는 오랜 침체기를 벗어나기 위해 도시의 산업을 금융, 교육, 관광, 첨단산업 위주로 변경했고, 피츠버그시의 경우도 하이테크놀로지, 헬스케어, 관광, 교육으로 산업을 변경했다. 이러한 변화는 도시에서 일어나는 다양한 현상, 즉 어떤 도시가 실업률이 높아지면 그 실업에 대응하기 위해 새로운 일자리를 늘리거나 실업인구가 새로운 일자리를 창출하도록 하는 정책대안을 마련해야 하고, 정책대안은 산업·노동·고용, 재교육, 사회 인프라 재정비 등 여러 부문에 걸쳐 복합적으로 진행되어야 하며, 따라서 도시정책은 하나의 정책의 집행이 아닌 종합적인 성격을 가진다. 따라서 도시정책은 여러 부문에 걸쳐 복합적으로 발생하는 문제를 해결하기 위한 종합정책의 특성을 가지고 있으며, 특정 지역에서 발생하는 문제 해결을 위한 종합적인 접근 방법이다.

또한 도시정책을 간단하게 설명한다면 도시정부가 가진 권위를 바탕으로 다양한 도시문제를 해결하거나 공공의 이익을 달성하기 위해 정치적·행정적 과정을 거쳐 의도적으로 결정된 방침이나 수단이라고 할 수 있다.

신도시주의

신도시주의(new urbanism)는 도시의 사회문제가 무분별한 도시 확산과 밀접한 관계가 있으며, 이러한 사회문제를 해결하기 위해 도시 개발에 대한 근본적 접근 방법의 전환이 필요하다는 인식에서 출발한 도시계획이론이다.

미국의 개발 원칙을 체계적으로 변화시키는 것을 목적으로 1993년 10월 버지니아주 알렉산드리아에서의 모임에서 비롯되어 순수 전문가 조직체가 아닌 서로 다른 분야의 설계전문가와 공공 및 민간의 정책결정권자, 도시설계나 도시계획에 관심을 가지는 시민들의 연합체로서 신도시주의협회가 구성되었다.

이러한 신도시주의운동을 체계적으로 전개시키기 위해 공공정책, 개발행위, 도시계획과 설계를 이끌고자 하는 뉴어바니즘 헌장(27개조)을 수립해 기본 원칙을 제시했다.

뉴어바니즘 헌장에서는 크게 세 가지의 권역(대도시권 및 시가지 규모 차원, 근린 주구 차원, 개별 건축물 차원)으로 나눠 접근하고 있다.

기본적인 원칙 사항으로서 근린 주구는 용도와 인구 면에서 다양해야 하며, 커뮤니티 설계에서 보행자와 대중교통을 중요하게 다루며, 복합적인 토지 이용을 추구해야 한다. 또한 도시와 타운은 어디서든지 접근이 가능하면서 물리적으로는 공공공간과 커뮤니티 시설에 의해 형태를 갖추면서 도시적 장소는 그 지역의 역사와 문화 등 지역적 특성과 관행을 존중하도록 강조하고 있다. 결국 신도시주의는 기존 도시에 대한 반성을 통해 도시를 재구성, 인간과 환경 중심의 공간으로 되살리는 새로운 운동이다.

출처: [네이버 지식백과] 신도시주의(뉴어바니즘) [New Urbanism]
(서울특별시 알기 쉬운 도시계획 용어, 2016. 12., 서울특별시 도시계획국)

2. 도시정책의 변화와 패러다임의 전환

도시정책은 도시화와 도시 성장의 규모·속도·지리적 공간·형태·도시경제 등에 영향을 미치고, 도시 성장에 따라 발생하는 여러 가지 문제를 완화하거나 제거하기 위해 도시정부가 시도하는 정책이다. 최근 우리나라는 물론 선진국에서는 저출산 고령화에 따른 국가 또는 공동체사회의 지속가능성에 대한 위협, 기후 변화와 정주환경의 변화, 4차 산업혁명이라고 불리는 경제구조와 패러다임의 변화, 정보통신 발달과 후기 탈산업화 영향에 따른 새로운

스마트 시티

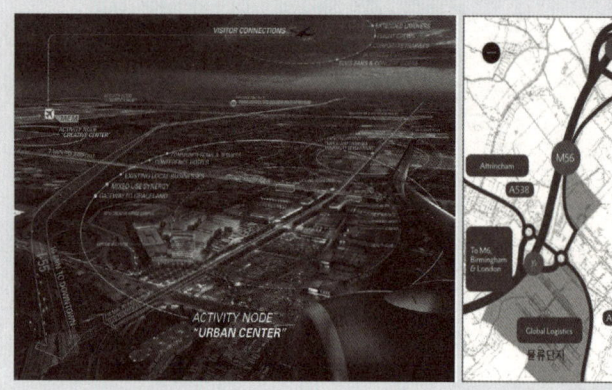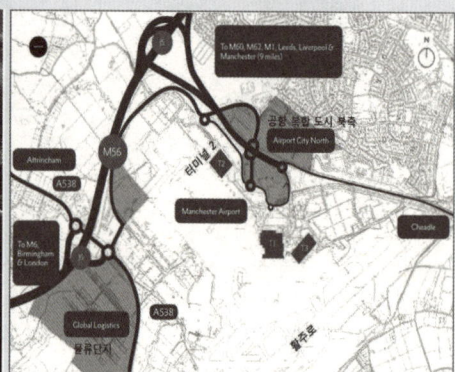

미래학자들이 예측한 21세기의 새로운 도시 유형으로서 컴퓨터 기술의 발달로 도시 구성원 간 네트워크가 완벽하게 갖춰져 있고 교통망이 거미줄처럼 효율적으로 짜여진 것이 특징이다. 학자들은 현재 미국의 실리콘 밸리를 모델로 삼아 앞으로 다가올 스마트 시티(smart city)의 모습을 그려보고 있다. 스마트 시티는 텔레커뮤니케이션(tele-communication)을 위한 기반시설이 인간의 신경망처럼 도시 구석구석까지 연결돼 있다. 따라서, 사무실에 나가지 않고도 집에서 모든 업무를 처리할 수 있는 텔레워킹(teleworking)이 일반화될 것이다. 국가로부터의 지원을 기다리기 전에 도시 내부에서 스스로 문제를 해결하려는 성향이 강하다. 또 사이버 세계에 대한 충분한 지식을 갖고 있지 않은 정치 지도자는 스마트 시티의 시민들로부터 지지를 받을 수 없게 된다. 스마트 시티와 비슷한 개념으로는 공학기술이 고도로 발달한 도시를 나타내는 테크노피아, 네티즌이 중심이 되는 도시를 나타내는 사이버 시티(cyber city), 거대도시의 새로운 형태를 의미하는 월드 시티(world city) 등이 있다.

출처 : 매일경제용어사전.

형태의 고용과 일자리 문제 등 이전과 다른 새로운 도시문제가 대두되고 있다. 특히, 인구 정체 및 감소와 경제 성장의 둔화는 지금까지와는 전혀 차원이 다른 접근 방식으로의 문제 해결을 요구하고 있다. 따라서 과거의 성장 지향적인 계획 수립에서 새로운 시대의 특성을 반영할 수 있는 합리적 계획 수립과 도시정책 수립을 위한 변화가 필요하다.

도시정책은 다양한 도시문제의 해결을 위한 의도된 방침이나 수단이기 때문에 지역사회와 지역사회에 거주하는 주민과 공동체의 가치를 반영해야 한다. 따라서 도시정책은 도시가 가지고 있는 역량과 자원을 배분할 때 주민들이 추구하는 가치에 따라 우선순위가 결정되어야 한다.

다양하게 나타나는 도시문제를 해결하기 위해서는 도시라는 공간을 기반으로 도시정책의 형성 과정을 거치게 되어 있으며, 정책의 영역과 대상이 국가 차원에서와는 달리 비교적 분명한 특성을 가진다. 또한 정책 수단 자체도 정량적·물리적 개선을 목표로 시행되기 때문에 정책 효과 및 결과를 평가하는 것도 비교적 쉽다. 도시정책은 공간을 기반으로 하기 때문에 도시정책의 각 부문인 경제정책, 산업정책, 교통·통신정책, 주택정책, 교육정책, 문화정책, 조세·금융정책, 토지이용규제정책, 환경정책 등을 결합하거나 융합한 정책을 시행하는 데 유리한 이점을 가진다.

과거 도시정책은 사회기반시설이나 산업 유치를 위한 산업단지 조성을 중심으로 각 분야의 도시정책을 수립하고 집행하는 형식이었다. 그러나 잠재성장률의 저하는 부동산 경기 침체 등 저성장 환경에서 기존의 도시정책의 기조나 방식 등이 더 이상 효율적으로 작동하지 못하는 상황에 직면했다. 또한 인구와 산업 측면에서 거점을 만들기 위한 불균형 도시 개발 정책은 지역 격차를 더욱 심화시키는 양극화를 불러왔다.

최근 유럽과 북미에서는 도시 형태 및 유형의 명백한 변환에 대한 연구가 많이 진행되고 있다. 이들 대부분의 논의의 출발은 '포스트모던 도시', '후기산업도시' 등과 같은 새로운 도시 형태 출현과 관련이 있다.

유럽과 북미 도시의 도심은 앞서 언급한 바와 같이 1980년대 산업사회(모던, 포디즘)에서 후기산업사회로 변화되는 과정에서 쇠퇴를 경험했다. 도심지역은 불량한 물리적 환경, 걸어 다니기 힘든 교통 체계, 쇠퇴하는 소매환경, 밤이면 도시를 문화적 사막으로 만들어 버리는 오피스 주도적인 경제가 대표적인 쇠퇴 원인이었다. 그런데 1980년대 이후 쇠퇴하는 도심은 엄청난 개발의 핵심이 되었다. 광범위하고 포괄적인 도심의 재이미지화가 이루어졌고, 거대한 선도적 개발정책을 통해 실업률 감소, 도시 성장의 지속성 강화, 도시경제의 안정성 강화

〈표 6-1〉 모더니티와 포스트모더니티 도시의 비교

구분	모더니티(모던)	포스트모더니티(포스트모던)
도시구조	• 동질적인 기능적 지구제 • 지배적인 상업중심지 • 중심에서 멀어질수록 점차 하락하는 지가	• 무질서한 다결절 구주 • 고도로 스펙터클한 중심부 • 빈곤의 넓은 바다 • 첨단산업 회랑 • 후기 교외 개발(post-suburban developments)
건축 경관	• 기능적 건축 • 건축양식의 대량생산	• 절충주의적 콜라주 건축양식 • 스펙터클, 기이한, 아이러닉 • 문화유산의 활용 • 전문가를 위한 생산
도시정부	• 관리주의적 • 사회적 목적을 위한 자원 배분배 • 필수적 서비스 공공 공급	• 기업가주의적 • 국제적 자본과 투자 유인을 위한 자원 활용 • 공공 부문과 민간 부문의 협력 • 필수적 서비스의 시장 공급
경제	• 공업적 • 대량생산 • 규모의 경제 • 제조업 생산 기반	• 서비스 부문의 기반 • 틈새시장을 겨냥한 유연적 생산 • 범위의 경제 • 세계화, ICT 기반 • 금융·소비 지향적 • 새롭게 개발된 주변지역에서의 고용
도시계획	• 총제적으로 계획된 도시 • 사회적 목적을 위한 공간	• 사회적 목적보다 미학적 목적을 위해 설계된 공간적 분적
문화와 사회	• 계층 분화 • 집단의 내적 동질성의 정도가 큼.	• 고도의 분절화된 생활양식과 분화 • 사회적 양극화의 정도가 큼. • 소비 패턴에 의한 집단의 구분

를 위한 다양한 정책의 변화가 이루어졌다.

유럽과 북미의 경우 1980년대 후반부터 도심에서 가장 두드러진 요소는 규모가 큰 선도적 개발(flagship development)이 많이 일어났다는 것이다. 개발의 종류는 다양하지만 공통적인 것은 규모가 크다는 점이다. 또한 장식적이며, 스펙터클하고, 혁신적이며, 전형적인 포스트모던의 건축을 강조한다는 점이다.

선도적 개발은 런던 도크랜드(Docklands) 개발공사의 캐너리 부두(Canary Wharf), 뉴욕의 배터리파크시티(Battery Park City) 재개발, 파리의 라데팡스(La Defense) 프로젝트와 그 밖에 LA, 휴스턴, 클리블랜드, 애틀란타와 같이 이전에 주목받지 못한 도시의 선도적 개발이 진

니트족

니트(NEET)족은 Not in Education, Employment or Training의 줄임말이다. 보통 15~34세 사이의 취업인구 가운데 미혼으로 학교에 다니지 않으면서 가사일도 하지 않는 사람을 가리키며 무업자(無業者)라고도 한다. 취업에 대한 의욕이 전혀 없기 때문에 일할 의지는 있지만 일자리를 구하지 못하는 실업자나 아르바이트로 생활하는 프리터(free arbeiter)족과 다르다.

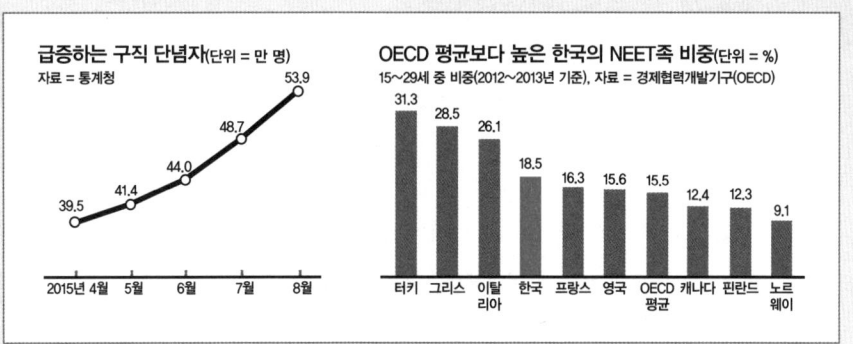

1990년대 경제 상황이 나빴던 영국 등 유럽에서 처음 나타났으며 일본으로 빠르게 확산되었다. 고용환경이 악화되어 취업을 포기하는 청년실업자가 늘어나면서 니트족도 증가했고, 사회 불안을 유발하는 사회병리 현상으로 자리매김하고 있다.

출처: [네이버 지식백과] 니트족 [NEET].

행되었다.

이러한 개발정책은 가시적인 경제 기능을 가질 뿐만 아니라 비가시적(非可視的)인 중요한 요소도 가지고 있는데, 도시의 상징성을 부여하고 사람들을 끌어들이기 위한 유인체의 역할도 한다는 것이다. 선도적 개발은 도시환경과 경제의 재생을 촉진하기 위한 정책으로 버려진 땅을 다시 이용하거나 기존에 이용했던 토지 이용을 효율적으로 증진하기 위한 방안으로 활용되었다.

또한 이것은 그 유형에 따라 사람을 끌어들이고, 소비와 고용 기회를 창출하는 경제적 작용을 하는 도시경제 자극제로서의 역할을 한 것이다.

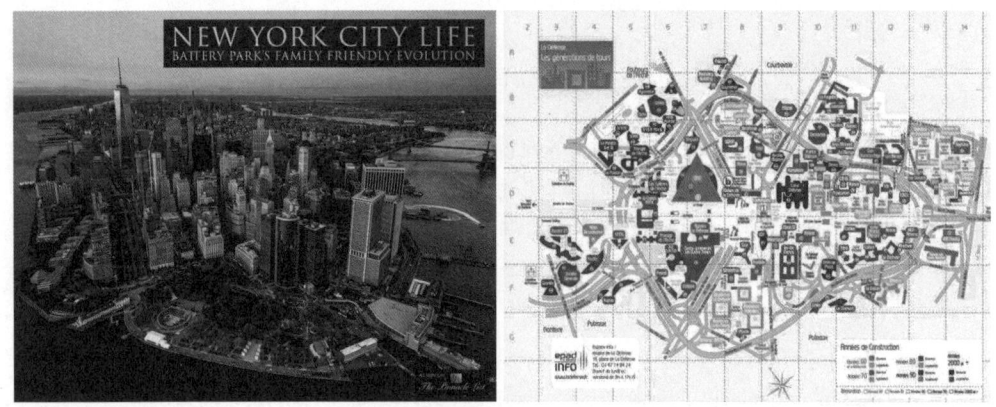

[그림 6-5] 뉴욕 배터리파크시티 재개발

즉, 상징적인 도시의 선도적 개발은 도시의 부(富)·이미지·아이덴티티(identity)의 명백한 변화를 통해 후기산업사회에서의 경제 재생을 위한 도시정책 패러다임의 변화라고 할 수 있다. 선도적 개발의 '원근법적인' 혹은 '광각적' 성격은 이러한 측면에서 중요하며, 도시의 중요한 상징으로서 새로운 이미지 아이콘으로서 작용할 수 있다(Hubbard, 1996).

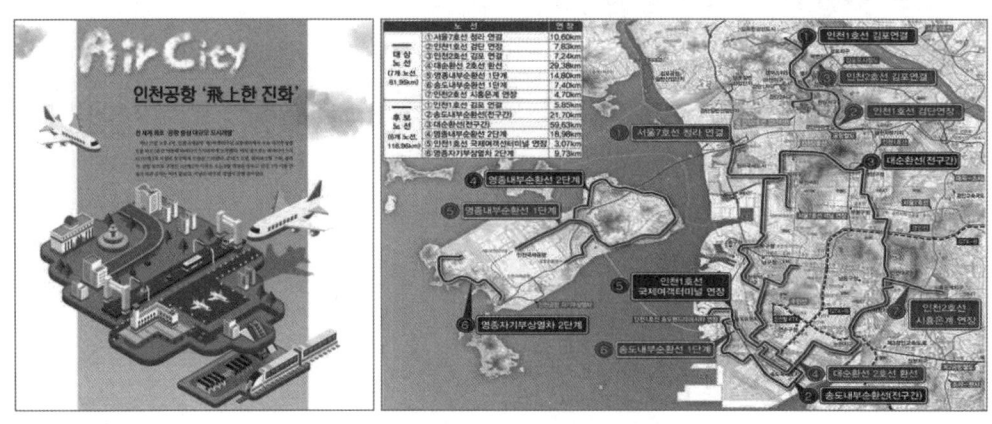

[그림 6-6] 상징적인 도시의 선도적 개발의 예

토론 과제

1. 서비스 경제에 대해 설명해 보시오.
2. 도시 경제구조의 변화 배경을 정리해 보시오.
3. 도시정책에서 도시경제 정책의 변화에 대해 설명해 보시오.
4. 모더니티와 포스트모더니티를 비교하고 우리나라 도시에서 찾아 볼 수 있는 사례에 대해 논의해 보시오.

공항과 도시

앞 장에서는 도시의 성장과 발달, 그리고 사회경제 구조의 변화에 따른 도시 변화에 대해 살펴보았다. 도시가 성장하면서 나타나는 도시문제를 해결하기 위해 도시정책이 필요하게 되었고, 도시정책은 다양한 문제를 해결하기 위한 종합적인 특성을 가진다. 또한 미래의 지속 가능한 성장과 도시의 경제적 안정을 위한 패러다임의 변화 및 도시 이미지 변화에 대해서도 살펴보았다. 이 장에서는 세계화 추세에 따른 세계 항공산업의 발전과 항공산업 발전의 기반이 되는 도시의 변화를 살펴볼 것이다.

제1절 공항과 도시경제

1. 도시 성장과 공항

전 세계적인 산업구조 및 패러다임의 변화에 따라 많은 도시가 경제적 성장과 쇠퇴를 경험했으며, 새로운 도시경제 구조로의 이행을 위한 많은 노력을 기울이고 있는 것이 현대 도시가 가진 직면한 문제이다.

경제적으로 어려운 시기임에도 공항을 중심으로 한 도시는 21세기 상업과 산업의 새로운 경제축으로 변화하고 있으며, 도시경제에서 중요한 서비스 경제 분야 및 소매업과 도시기반 센터로서의 역할을 수행하고 있다.

우리나라의 경우 항공 운송의 종합적인 지표로 살펴보면, 2016년 종합 세계 7위 수준으로 여객 운송 세계 15위(131,890백만 킬로), 화물 세계 4위(11,485백만톤 킬로), 국적사 국제선 운항은 46개국(취항도시 152개 지점, 253개 노선, 주 3,163회 운항)으로 그 규모와 실질적 경제 규모는 지속적으로 증가하고 있다(한국항공협회, 2018).

현대 도시공간은 다양한 교통 수단을 지원하는 인프라를 통해 도시의 여러 지점을 긴밀하게 연결하고 있으며, 그 연결의 방향성을 설정하는 데 지역의 핵심적인 자산과 새로운 개발 프로젝트의 투자가 이루어지도록 연계하고 있다. 다극화된 도시에서 새로운 도심의 형성은 특정 공간에서 수행되는 경제활동의 종류이며, 대체로 교통, 거래, 연구개발 등의 기능이 집적된 곳이 생산성이 높다는 것이다. 이러한 측면에서 공항이 도시 지역의 내부 공간을 편성하는 데 중요한 역할을 하고 있다는 주장이 활발히 전개되고 있다(이호상, 2013; van Wijk, 2007; Kasarda, 2013).

일반적으로 공항과 관련된 도시 변화를 논의할 때 대체로 에어사이드(air side: 항공 수송과 관련된 공항통제구역 내부), 에어포트(airport: 터미널이 있는 물리적 공항 건물), 랜드사이드(land side: 공항과 인접한 내륙 공간)로 나누어 전개된다. 사람과 화물의 항공 수송과 관련된 변화, 즉 규제 완화 및 자유화, 허브 앤 스포크 네트워크(Hub and Spoke Network)의 발전, 항공사 간 전략적 동맹, 착륙 비용 등 공항 이용비용 등의 변화에 따른 항공 수요의 변동은 공항과 공항지역의 발전에 영향을 미친다.

세계적으로 유수한 공항을 유치한 도시의 경우 공항의 운영에 따른 직접적인 고용 및 소득 효과와 함께 공항과 공항 인근에서 발생한 활동에 서비스를 제공하는 공급 사슬 속에서 발생하는 고용 및 소득, 공공 서비스, 청소 및 건축과 관련된 무수한 간접 효과로 파생된 영향을 받고 있다.

<표 7-1> 아시아 및 유럽의 허브공항과 항공사

국가	도시	허브 공항명	코드	주요 항공사명
아시아·태평양	대만	타이베이	타오위안국제공항	TPE	차이나항공, 에바항공, UNI항공, 대만타이거에어
			송산공항	TSA	극동항공, 차이나항공, 에바항공, 만다린항공, UNI항공
		가오슝	가오슝국제공항	KHH	UNI항공
	중국	타이중	타이중국제공항	RMQ	만다린항공, 에어차이나
		베이징	베이징 캐피탈국제공항	PEK	중국남방항공, 하이난항공
		상하이	상하이 푸동국제공항	PVG	에어차이나, 중국동방항공, 준야오항공, 상하이항공, 스프링항공
			상하이 홍차오국제공항	SHA	중국동방항공, 상하이항공
		광저우	광저우 바이윈국제공항	CAN	나인에어, 중국남방항공
		청두	청두 솽류국제공항	CTU	에어차이나, 사천항공, 청두항공
		시안	시안 함양구제공항	XIY	중국동방항공, 하이난항공, 심천항공
		충칭	장베이국제공항	CKG	충칭항공사, 중국남방항공, 사천항공
		선전	선전 바오안국제공항	SZX	심천항공, 에스에프항공
	홍콩	첵락콕	홍콩국제공항	HKG	케세이퍼시픽, 드레곤에어, 에어홍콩, 홍콩에어라인, 홍콩익스프레스에어
	대한민국	인천	인천국제공항	ICN	대한항공, 아시아나항공, 이스타항공, 제주항공, 진에어, 티웨이항공, 에어인천, 에어서울, 폴라에어카고
		서울	김포국제공항	GMP	대한항공, 아시아나항공
		부산	부산국제공항	PUS	에어부산
	말레이시아	쿠알라룸푸르	쿠알라룸푸르국제공항	KUL	에어아시아, 에어아시아X, 말레이시아항공, 마린도에어
		미리	미리공항	MYY	MAS윙스
		세나이	세나이국제공항	JHB	에어아시아
		쿠칭	쿠칭국제공항	KCH	에어아시아, 말레이시아항공, MAX윙스
		코타키나발루	코타키나발루국제공항	BKI	에어아시아, 말레이시아항공, MAS윙스
		페낭	페낭국제공항	PEN	파이어플라이항공, 에어아시아, 바이만방글라데시항공
	방글라데시	다카	샤이알랄국제공항	DAC	유나이티드항공, 리젠트항공, 노보항공
		치타공	샤아마낫국제공항	CGP	유나이티드항공, 바이만방글라데시항공, 노보항공
	베트남	호치민	탄손낫국제공항	SGN	제스타퍼시픽, 베트남항공, 비엣젯항공, 바스코
		하노이	노이바이국제공항	HAN	베트남항공, 비엣젯항공

아시아·태평양	일본	도쿄	하네다국제공항	HND	일본항공, 올니폰에어
		오사카	간사이국제공항	KIX	일본항공, 올니폰에어, 니폰카고, 피치항공
		나리타	나리타국제공항	NRT	올니폰에어, 델타에어라인, 유나이티드에어라인, 일본항공, 젯스타항공, 바닐라에어, 니폰카고에어라인
		오사카	이타미국제공항	ITM	일본항공, 올니폰에어
	스리랑카	콜롬보	반다라나이케국제공항	CMB	스리랑카항공, 시나몬에어, 밀레니엄항공, 스리랑카카고
		함반토타	마탈라라자팍사공항	HRI	스리랑카항공, 스리랑칸카고, 헬리투어스
	싱가포르	싱가포르	창이국제공항	SIN	제스타아시아, 실키에어, 싱가포르항공, 스쿠트
	우즈베키스탄	타슈켄트	타슈켄트국제공항	TAS	우즈벡항공
	인도	뭄바이	챠트라파티쉬바즈공항	BOM	에어인도, 제트항공, 데칸360, 고에어, 인디고, 젯라이트, 스파이스젯
		델리	인디라간디국제공항	DEL	에어아시아 인도, 에어인도, 젯라이트, 인디고, 데칸360, 스파이스젯, 제트항공, 고에어
		콜카타	수바스보스국제공항	CCU	블루다트에비에이션
		첸나이	첸나이국제공항	MAA	블루다트에비에이션
		샴샤바드	하이데라바드국제공항	HYD	스파이스젯, 루프타한자 카고
		방갈로르	벵갈루루국제공항	BLR	블루다트에비에이션, 데칸항공
유럽	그리스	아테네	아테네국제공항	ATH	지중해항공, 에게해항공
	네덜란드	암스테르담	암스테르담-스키폴국제공항	AMS	델타항공, KLM네덜란드항공, 마틴에어, 제트항공, 트랜스비아, TUI플라이항공
	노르웨이	오슬로	오슬로공항	OSL	스칸디나비아항공, 노르웨이에어셔틀
	덴마크	코펜하겐	코펜하겐공항	CPH	스칸디나비아항공, 노르웨이에어셔틀
	독일	프랑크푸르트	프랑크푸르트국제공항	FRA	콘도르항공, 루프트한자독일항공
		베를린	베를린-테켈국제공항	TXL	에어베를린
		뒤셀도르프	뒤셀도르프국제공항	DUS	에어베를린
		뮌헨	뮌헨프란츠요세프스트파우스공항	DUC	루프트한자 독일항공, 에어베를린,
		뉘른베르크	뉘른베르크공항	NUE	에어베를린
		쾰른	쾰른본공항	CGN	유로윙스, TUI 플라이 항공
		함부르크	함부르크공항	HAM	에어베를린
		슈트르가르트	슈트르가르트공항	STR	유로윙스
		프리드리히스하펜	프리드리히스하펜공항	FDH	인터스카이
	라트비아	리가	리가국제공항	RIX	에어발틱

유럽	러시아	모스크바	모스크바-도모도데보국제공항	DME	러스라인, S7항공, 글로버스 항공, 야말항공, 노드스타항공, 우랄 항공
		예카테린부르크	예카테린부르크공항	SVX	우랄항공
		모스크바	세레메티에포국제공항	SVO	아에로포르트, 노르드윈드항공
		모스크바	브누코보국제공항	VKO	유타항공
		풀 코보	풀코보공항	LED	로씨야 항공
		크라노야	예멘야노프국제공항	KJA	노르드스타 항공
		노부시비르스크	톨막초브공항	OVB	S7에어라인, 글로바스 에어라인
	루마니아	부크레슈티	헨리코언다국제공항	OTP	타롬루마니아항공
		바커우	바카우국제공항	BBU	위즈에어
		티미쇼아라	트라이안부이아국제공항	TSR	블루에어
	몰도바	치시나우	치시나우국제공항	KIV	몰도바항공
	벨기에	브뤼셀	브뤼셀공항	BRU	브뤼셀항공, TUI플라이 벨기에
	불가리아	소피아	소피아공항	SOF	불가리아 에어
	세르비아	베오그라드	벨그라드니콜라케슬라공항	BEG	에어세르비아, WIZZ에어
	스웨덴	스톡홀름	스톡홀름 알란다공항	ARN	스칸디나비안에어라인, 노르웨이항공셔틀
	스위스	바젤/물루즈/프라이브루크	유로에어포트-바젤-윌하스-프라이부르	BSL	스위스국제항공, 에델바이스항공
		취리히	취리히국제공항	ZRH	스위스국제항공, 에델바이스항공
		제네바	제네바국제공항	GVA	스위스국제항공
		베른	베른공항	BRN	스카이워크항공
	슬로베니아	류블랴냐	류블랴냐국제공항	LJU	아드리아항공, 솔린에어
		포르토로즈	포르토로즈공항	POW	솔린에어
	아일랜드	더블린	더블린국제공항	DUB	에어링거스, 라이언에어
	영국	버밍업	버밍햄국제공항	BHX	플라이BE
		브리스톨	브리스톨국제공항	BRS	이지젯
		글래스고	글래스고국제공항	GLA	플라이BE, 로건에어, 제트투닷컴
		런던	런던 히드로공항	LHR	영국항공, 델타항공, 버진애틀랜틱항공
			런던 개트윅공항	LGW	에어링거스, 영국항공, 버진애틀랜틱항공
		맨체스터	맨체스터공항	MAN	플라이BE, 제트투닷컴
		데본	익스터널국제공항	EXT	플아이BE
	스페인	바르셀로나	바르셀로나국제공항	BCN	라이언에어, 부엘링항공, 이베리아항공
		마드리드	바라쟈스공항	MAD	이베리아항공, 에어유로파, 라이언에어, 이지젯
		팔마데마요르카	팔마데마요르카공항	PMI	에어유로파
	오스트리아	비엔나	비엔나국제공항	VIE	오스트리아 항공

유럽	이태리	밀라노	말펜사국제공항	MXP	메리디아나항공
		로마	레오나르도다빈치공항	FCO	알이탈리아항공, 부엘링항공
	체코	프라하	바츠라프하벨국제공항	PRG	체코항공, 스마트윙스, 트레블서비스에어라인, 위즈에어, ABS젯, 그로그먼 젯 서비스
	크로아티아	자그레브	자그레브공항	ZAG	크로아티아항공
	터키	앙카라	에센보가국제공항	ESB	아나돌루젯항공
		이스탄불	아타투르크공항	IST	터키항공, 오누르항공
			사비아괵첸국제공항	SAW	썬익스프레스, 페가수스항공
		이즈미르	아드난멘데레스항공	ADB	페가수스항공
		안탈랴	안탈랴공항	AYT	터키에어라인, 썬익스프레스
	포르투갈	리스본	포르텔라공항	LIS	탑(TAP)포르투갈항공, 유로아틀란틱항공, 하이플라이항공, 화이트 에어웨이, 이지젯
		포르투	프란시스쿠데사카르네이루공항	OPO	탑(TAP)포르투갈항공, 라이언에어
		폰타델가나	라푸공항	FAO	라이언에어
		릴바	폰타델가다공항	PDL	사타 인터내셔널
	폴란드	바르샤바	바르샤바프레데릭쇼팽공항	WAW	LOT 폴란드 항공, 스프린트 에어, 엔터 에어, 스몰 플래닛 에어, 위즈에어
		브로츠와프	코페르니쿠스공항	WRO	엔터에어, 라이언에어, 위즈에어
		포모르스키	그단스크공항	GDN	위즈에어
		마우폴스키에	크라쿠프공항	KRK	라이언에어
		실롱스키에	카토비체국제공항	KTW	위즈에어
	핀란드	헬싱키	반타공항	HEL	북유럽지역항공사, 핀에어, 노르웨이 공항셔틀, TUI플라이 항공
	프랑스	파리	샤를드골공항	CDG	에어프랑스, 델타항공
		리옹	리옹 생떽쥐베리공항	LYS	에어프랑스
	헝가리	부다페스트	페리헤기국제공항	BUD	위즈에어

주요 공항을 가진 도시는 공항과 관련된 비즈니스를 통해 지역의 경제 공간상의 지위를 변화시키고 경제 발전 잠재력을 향상시키고 있다. 이는 공항이 가지고 있는 입지적 특성(공항의 입지는 보통 국내·외 지역의 접근성을 중요시함)에 기반해 물류산업의 성장 거점, 관광산업 및 지역상권의 발달, 국제적인 인적 교류의 장으로 발전할 기회를 창출할 수 있다.

최근 세계적 경제환경의 변화에 따라 공항 기능의 배치와 관련된 일련의 변화를 볼 수 있는데, 공항 개발 시에 경제산업적 가능성과 안전성 확보, 공항 기능의 변화에 따른 새로운 비즈니스 기회의 창출에 초점을 맞추고 있다.

공항의 기능은 1960년대 항공기의 이착륙 기능에 초점을 맞춘 항공 스테이션에서 1970년대 쇼핑센터의 기능을 더해 각종 면세점을 통한 경제적 효과의 창출, 1980년대 비즈니스센터로의 전환, 1990년대 여가 및 엔터테인먼트 기능의 추가에 더해 최근에는 복합 문화공간으로 발전하고 있다.

최근의 이러한 공항 기능의 변화는 항공과 관련성이 낮다고 평가되었던 상업시설과 서비스의 집적으로 급속한 성장을 이루고 있으며, 결과적으로 공항의 수입에서 비항공 관련 사업의 비중이 지속적으로 증가하고 있다(이호상, 2013; van Wijk, 2007).

공항 기능의 변화는 공항을 중심으로 한 경제구조에도 영향을 크게 미치고 있는데, 공항 인근 지역을 넘는 지역까지 개발이 확대되고 있다. 최근 공항에서 수행하는 터미널과 랜드사이드 랜드사이드 지역(land side)에서의 상업적·경제적 활동을 정리하면 다음과 같다.

- 면세점(duty free shops)
- 레스토랑과 전문 소매점(restaurants and specialty retail)
- 문화·관광 명소(cultural attractions)
- 호텔 및 숙박시설(hotels and accommodation)
- 비즈니스 오피스 복합센터(business office complex)
- 컨벤션과 전시센터(convention and exhibition centers)
- 여가, 레크리에이션과 피트니스(leisure, recreation, and fitness)
- 물류와 유통(logistics and distribution)
- 가벼운 제조업과 조립(light manufacturing and assembly)
- 쉽게 상하는 물품 보관창고 및 냉장창고(perishables and cold storage)
- 케이터링 서비스와 다른 음식 서비스(catering and other food services)
- 자유무역구역과 관세자유지역(Free Trade Zones and Customs Free Zones)
- 골프 코스(golf course)
- 공장 아웃렛 매장(factory outlet stores)
- 보건 및 탁아소와 같은 개인과 가족 서비스(personal and family services such as health and child daycare)

이러한 신기능의 집적을 통해 공항은 대도시의 중심업무지구(metropolitan Central Business District : CBD)의 상업적 기능을 수행하고 있으며, 확장된 개념에서 도시공간의 중심지로 발전하는 양상을 보이고 있다. 이러한 도시 기능의 확대와 중심업무지구로서의 역할과 관련해 '공항도시'라는 용어가 1970년대에 미국에서 처음으로 등장했으며, 이후 유럽에서는 새로운 비즈니스 발전의 기반으로서 공항도시라는 개념으로 발전하게 되었다.

2. 공항도시의 개념

최근 공항 이용객의 요구가 다양해지면서 공항의 역할과 기능 또한 시대적 흐름에 따라 과거 단순한 기능에서 복잡하고 다양한 기능을 가진 형태로 변화하고 있다. 우리나라「공항시설법」제2조(정의)에는 '공항'이란 공항시설을 갖춘 공공용 비행장이며, '공항구역'이란 공항으로 사용되고 있는 지역과 공항·비행장 개발 예정지역 중「국토의 계획 및 이용에 관한 법률」제30조 제43조에 따라 도시군계획시설로 결정된 지역을 말한다. 초기의 공항은 항공기 이착륙을 위한 시설 수준에 불과했지만 세계화 등의 급격한 사회적 변화에 따라 단순 시설이라는 이미지를 넘어 공항도시(airport city)라는 개념의 확장을 이루었다.

대표적인 공항도시는 페덱스의 허브인 멤피스와 유피에스의 허브인 루이빌이 바로 그런 도시이다. 미국 텍사스주의 댈러스포트워스공항 주위에는 라스콜리나스(Las Colinas)라는 부유한 도시가 형성되었는데, 이곳에는 엑손모빌, 킴벌리클라크를 비롯한 40개 이상의 기업본사가 위치한다. 이 밖에 시카고, 두바이, 홍콩, 베이징, 암스테르담, 디트로이트, 방콕, 브라질의 벨로호리존테, 아프리카의 르완다, 인천공항 주위의 송도 신도시도 여기에 해당된다.

귈러와 귈러(Güller & Güller, 2006)는 공항도시는 운영상, 공항과 관련된 활동뿐만 아니라 공항 플랫폼과 그 주변에서 이루어지는 상업적이고 비즈니스적인 활동의 밀집된 클러스터로 정의했다. 초기의 공항도시는 공항이 기본 시설과 지원시설을 포함해서 주변 지역을 포함하는 개념이었다. 일례로 공항 내에 비즈니스 시설인 상업시설, 호텔, 컨벤션센터, 의료시설 등이 구축되었다는 것이다. 하지만 1990년대부터는 공항의 역할과 영향력이 지역적 개념을 포함하면서 '공항복합도시(aerotropolis)'라는 개념으로 확대되었다(김제철 외, 2018).

공항도시라는 개념을 통해 접근하고자 하는 부분은 초기의 공항의 개념인 활주로 수용량 및 승객 숫자와 같은 양적인 측면을 넘어 공항과 연계된 복합 수송(intermodality)과 공항의 새로운 기능 및 역할에 대한 통합적 접근이다. 공항의 복합 수송 관련 인터체인지 역할은 공항도시 개념의 중요한 요소이며, 공항 랜드사이드에서의 교통 네트워크의 복잡성, 국가 간 연결성에서의 다양한 기능을 함께 고려하는 것이다. 또한 새로운 랜드사이드 비즈니스 개발을 통해 도시의 새로운 성장 동력을 확보하는 측면으로 공항 운영자는 기능적으로 혹은 재정적으로 보완적인 활동을 유치함으로써 공항의 지속적인 성장과 지역 발전의 핵심적인 축으로 성장하는 개념도 포함하고 있다.

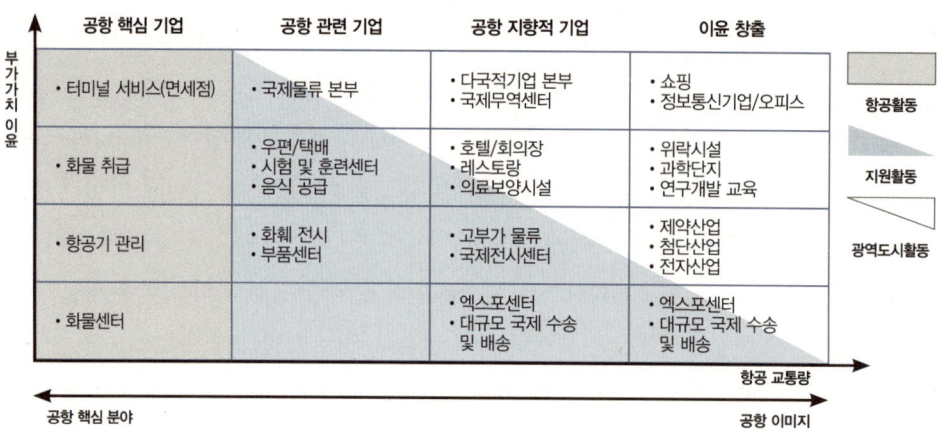

출처: Güller & Güller(2006).

[그림 7-1] 공항에서의 다양한 활동

〈표 7-2〉 공항도시 개발을 위한 제안

접근가능성과 인터체인지 개발	
1. 도시지역에서 적용되는 접근가능성에 대한 표준을 똑같이 적용하기	시설의 이용가능성, 밀도, 질을 보장하는 것이 필수불가결함. 공항도시의 접근성은 공항 터미널 자체에 대한 접근성 이상을 요구함. 인터체인지가 모든 공항도시로 가는 대중교통의 적절한 분배를 통해 보완되어야 함. 종종 분산된 시설과 개발지역뿐만 아니라 방대한 지표면은 완전한 교통관리를 요구 [사례] • 바르셀로나공항(BCN) – 지하철 9호선 • 스키폴공항(AMS) – Zuidtangent and Sternet • 취리히공항(ZRH) –Staudtbahn • 런던 게트윅공항(LGW) – Gatwick Direct/Fastway

2. 지역 내에서 공항역을 두 번째 (국제) – 국내 철도역으로 개발	대부분의 관심은 공항으로의 접근성에 쏠려 있음. 공항의 역을 지역 내 랜드사이드의 게이트웨이로서 사용될 수 있는 기회에 주목할 필요. 국내–국제 철도와 지역 교통 네트워크 사이에서의 효율적인 상호 연결성에 관심이 기울어져야 함. 기업은 좋은 국제적 철도 연결성을 부수적인 로컬 혜택으로 간주하기 때문에 이러한 노드의 경제적 효과는 상당할 것임. [사례] • 프랑크푸르트공항(FRA) – AirRail terminal • 암스테르담 스키폴공항(AMS) 스키폴을 HST–South and –East Station • 런던 게트윅공항(LGW) – North–South Thameslink	
3. 공항에 있는 인터체인지 개발을 개선하고, '지역 대중교통 허브'로 만들기	인터체인징의 지역 접근성의 잠재력을 평가하기 위해서는 질적 평가가 필요함. 인터체인징은 단순한 부가 효과가 아닌 지역정책 차원에서 접근해야 함. 허브 공항을 만드는 원리로 공항철도역을 지역의 허브로 만들어야 함. 환승 승객의 유치가 일정 수준의 통행량을 도달하게끔 도와주면, 지역 내 추가적인 서비스가 더 빈번하게 제공될 수 있음. 공항으로의 교통 수단 선택 시에 파급 효과는, 특히 근로자의 통행에서, 클 것임. 동시에, 공항의 제한적 주차정책을 포함한, 자동차 접근을 제한하는 조치를 취해야 함. [사례] • 취리히공항(ZRH) – IC-trains/regional rail to regional rail/light rail • 암스테르담공항(AMS) – IC trains to regional rail/bus services • 런던 게트윅공항(LGW) – 채-ordination needed • 프랑크푸르트공항(FRA) – ICE to regional rail	
4. 인터체인지 노드 (node)의 질에 초점을 두기	인터체인지의 성공은 랜드사이드 대중교통의 효율적인 통합과 대중교통의 기능과 공간적 질에 달려 있음. 공항에서의 다양한 모드의 인터체인지 노드는 주변의 공간적 개발을 위한 구체적인 개념을 필요로 함. 인터체인지는 공항 터미널과 최적의 방식으로 연결될 필요가 있을 뿐만 아니라, 공항을 조직하는데 있어 새로운 초점이 될 수 있음. 인터체인지의 중심적 위치는 공항도시의 성공을 위한 필수 조건임. [사례] • 취리히 국제공항(ZRH) – 모든 대중교통 수단의 수직적 쌓기 • 프랑크루르트공항(FRa) – 수평적인 조직 • 암스테르담공항 – 스키폴 플라자(Schiphol Plaza) : 스테이션 홀의 중앙	
공항도시 개발		
5. 관련 당국의 미래 책임에 대한 명확성을 높이기	공항 운영자와 지역 당국은 공항도시를 만드는 과정에서 협력 방식에 대해 잘 알지 못함. 새로운 과제와 조직의 구조는 이전의 협력 과정에서 결정적인 역할을 했던 부족함과 불공평한 차이를 고려해, 새로운 토지 이용 전략뿐만 아니라 책임의 재규명과 재분배를 요구함. [사례] • 헬싱키공항(HEL) – 반타(Vantaa)시의 관여 • 바르셀로나공항(BCN) – 엘프랏(El-Prat)시의 관여 • 런던 게트윅공항(LGW) – 크롤리(Crawley)의 제어	
6. 선택적이기: 공항과 관련된 활동을 위한 부지를 비축하기	공항과 직접 인접한 주변 환경이 갖추어야 하는 것이 무엇인지, 어떤 것은 좀 더 멀리 위치할 수 있는지에 대해 구체적이고 비판적일 필요성이 있음. 구체적인 활동을 위한 부지를 비축해 두는 것은 시장에서 이점을 가져다줄 것이고 맞춤식 접근성의 개발을 허락할 것임. 프로그램과 관련한 선택성은 다른 지역과의 보완성을 증대시키는 중요한 도구가 될 수 있음. [사례] • 스톡홀름 아를란다공항(ARN) – Arlandastad • 암스테르담공항(AMS) – 스키폴구역	

7. 브랜딩 적용하기: 특정한 타입의 활동들을 위한 마케팅 전략을 개발하기	구체적인 타깃 그룹을 겨냥한 개념이 공항 지역을 홍보하고 시장화하기 위해 필수적임. 명백한 라벨링은 또한 지역의 개발을 일정한 방향으로 이끄는 것을 쉽게 만듦. 그러나 공항 지역 자체의 브랜딩만으로는 비효율적임. 브랜딩은 그 지역 내 다른 개발 지역에도 적용되어야 함. [사례] • 네덜란드공항(AMS) – SADC(네덜란드 개발 및 홍보업체) • 스톡홀름 아를란다공항 – NELC • 바르셀로나공항 – 물류 플랫폼(Logistic Platform)	
8. 어떤 지역이 개발 우선순위를 가지는지에 대해 명확히 하기: 언제, 어디서, 얼마나 많이!	공항 부지와 지역 부지 간에 개발 기회에 분명한 차이가 존재함. 공항과 주변 부지는 종종 훨씬 더 빨리 개발될 수 있음. 도시에서의 좀 더 중심적인 부지는 더 많은 사전 투자와 복잡한 개발 협력을 요구함. 개발은 지역의 교통 네트워크, 주변 지자체와의 조정, 그리고 항공교통 유형의 전략적 변화에 반응하기 위한 공항의 개발 유연성을 유지할 필요 등에 맞춰서 조정되어야 함. [사례] • 밀라노 말펜사공항 – Piano d'Area Malpensa의 목표 • 암스테르담공항 – AAArea	
혁신과 맞춤형 도구들		
9. '공항계획'은 '도시계획'으로 이동시킴.	도시의 질을 높이기 위해, 토지의 사용과 접근성은 통합되어야 함. 도시의 질은 접근 기반 시설과의 관련한 모든 활동(항공과 사업, 주차, 호텔, 쇼핑 모두에서)의 좋은 배치를 요구함. 이것은 아마도 오프–공항 부지를 더 먼 온–공항 부지의 대안으로서 고려하는 것을 포함함. 공항도시는 공항 플랫폼에 제한되지 않음. 마스터플랜 혹은 정부 민간 합작(PPP)과 같은 증명된 도시계획 도구는 가치 있을 수 있음. 공항구역(airport zone)을 위한 프로젝트 오피스는 필수적임. 기반시설과 마스터 계획에 대한 기초적인 동의가 명확성과 투명성을 만드는 데에 필수불가결함. [사례] • 바르셀로나공항(BCN) : ARENA와 바르셀로나 지역계획의 균형 맞추기 • 프랑크푸르트공항(FRA) – AirRail 터미널 • 빈공항(VIE) – office parks • 암스테르담공항(AMS) – Airport City • 헬싱키공항 – Aviapolis PPP	
10. 공항에 구체적인 역할을 할당하는 지역 개발 전략을 수집하기	대도시 지역 내에 공항의 위치는 다른 개발 중심과의 고려 속에서 규정되어야만 함. 가능하면 프로그램상의 중복과 유사성을 피하기 위해, 지역 내 다른 중심과 센터에 대해 새로운 개념의 동시적 창출을 요구함. 공항지역 내 개발 기회는 지역의 교통계획과 함께 직접적으로 조정되어야만 함. 교통 네트워크의 적응과의 하모니에 기반을 둔, 명확한 개발 관점은 전체로서의 지역의 매력을 증가시킬 것임. [사례] • 취리히공항(ARH) – 중심지역 • 암스테르담공항(AMS) – 지역 구조계획 • 스톡홀름 아를란다공항(ARN) – 지역계획 2000/2030 • 바르셀로나공항(BCN) – Deltaplan • 헬싱키공항(HEL) – Helsinki Metropolitan Area Vision 2020	

11. 공항과 관련된 이슈의 영구적인 포럼을 만들기	공항에 의해 창출되는 항공교통과 장애물의 증가는 지역 당국을 마비시킬 것으로 보임. 공항과 관련된 논의는 이러한 측면과 구체적인 공항 팽창 프로젝트에 제한되어 있음. 영구적인 포럼은 장기간에 걸쳐 좀 더 근본적인 이슈에 접근하기 위해 필요함. 이러한 포럼은 또한 큰 공항과 그 주변의 성공의 이점과 불리한 점 간의 균형을 맞추기 위한 협상을 위한 가능한 플랫폼임. [사례] • 런던 게트윅공항(LGW) – Airport Transport Forum • 암스테르담공항(AMs) – Bestuursforum Schiphol • 프랑크푸르트공항(FRA) – Mediationsgruppe • 빈공항(VIE) – Mediationsgruppe	
12. 공항구역(Airport Zone)을 결정하기 : 조정된 행동의 구역	공항구역의 명백한 규정은 관련된 모든 당사자에게 불확실성을 극복하는 데 도움을 주고, 공항 계획에서의 유연성을 보장해 줌. 공항구역은 공항도시와 공항구역의 모든 요소(교통, 주거, 상업적 개발 등)를 통합하는 전략적인 행동과 조정을 위한 도구임. 이러한 식으로, 공항지역을 위한 마스터플랜 계획의 기초가 될 수 있음. [사례] • 암스테르담공항(AMS) – Schipholzone • 밀라노 말펜사공항(MXP) – Area Malpensa • 취리히공항 – Zurich Airport Centre Area(진행 중)	
13. 그 지역의 부동산 개발에 협력하기	공항지역에 대한 '전체적 컨셉트' 혹은 마스터플랜은 각각의 부지에 대한 구체적인 잠재력을 활용하면서 동시에 상호적으로 개발을 향상시킬 것임. 이러한 목적을 위해 빈번하게 계획되는 마케팅 조정은 적절한 개발 조정으로 나타날 수 있음. 만약 모든 지자체가 개별적인 사업 부지를 개발하기 시작한다면, 투자자들은 이에 반응하는 데에 주저할 것임. 시장은 어떤 종류의 활동이 실현될 수 있는지, 그리고 어느 시간 범위 내에 부지가 개발될 것인지에 관한 확실성을 요구함. [사례] • 암스테르담공항(AMS) – AAArea • 헬싱키공항(HEL) – Centre of Logistics • 취리히공항(ZRH) – Centre Areas of the Canton of Zurich	

결론

전체적인 공항의 상품, 즉 공항이 제공하는 기능과 서비스에 기초해서 공항의 경쟁력을 재정의하는 것이 필요. 공항도시의 창조는 공항 계획에 초점을 전환하는 것임. 공항도시라는 개념을 통해 접근성, 인터체인지의 질, 부동산 개발, 궁극적으로는 새로운 지역의 중심을 만드는 것과 같은 질적 성장과 관련된 이슈를 도입하는 것임.

출처 : Güller & Güller(2006).

제2절 공항복합도시와 공항 클러스터

1. 공항복합도시의 성장

전 세계적인 공항 이용 증가에 따른 사회경제 구조의 변화에 따라 전통적 공항의 역할 변화가 급격하게 진행되었고, 공항의 역할과 영향력이 지역적 개념을 포함하면서 공항도시에서 공항복합도시(aerotropolis)로의 개념적 확장이 진행되고 있다. 공항은 도시계획의 중심으로 항공산업과 클러스터가 조성된 도시로 발전하게 되었으며, 도시계획의 핵심 요소로 부각되면서, 지역적 범위는 한 지역권 전체를 포괄하게 된 것이다.

카사드라와 애폴드(Kasarda & Appold, 2014)는 최근 논문에서 속도의 경제(speed economy)에 의존하는 기업이나 도시지역은 허브 공항이 제공하는 높은 수준의 이동 관련 서비스의 유연성, 다양한 생산자 서비스 업체의 전문가가 원하는 소비자와 기업 파트너와의 접근성, 그

출처: Schaafsma(2011), AirportCity Challenge, Schiphol Group.

[그림 7-2] 스키폴공항과 암스테르담을 연결하는 공항회랑도시

리고 이러한 이점을 활용한 좀 더 효과적인 국제 노동분업 체계에의 참여 등을 통해 공항복합도시의 발전을 새롭게 개념화했다.

공항도시는 공항도시 중심부와 항공 관련 비즈니스와 비즈니스 관계자의 주거 개발단지를 포함하는 회랑(corridor)과 클러스터(cluster)를 포함한 도시지역을 의미했으나 공항복합도시는 공간적 요소, 기능적 요소, 접근성이라는 세 가지 기반 요소를 갖춘 도시를 말한다. 공간적 요소로는 항공 지향 비즈니스와 관련된 주거지 개발의 공항 주변 집적, 물리적으로 관찰 가능한 형태의 교통 회랑을 따라 외부로 확대되는 경향을 의미하고, 기능적 요소로는 원거리 공급자, 소비자, 그리고 기업 파트너 등에 대한 신속한 접근에 대한 의존도가 높은 비즈니스와 관계자의 활동을 의미한다. 마지막으로 접근성은 고속도로, 철도, 그리고 지상 교통망(신교통 수단 포함)을 통해 공항복합도시의 내부적 그리고 외부적 접근성 강화를 의미한다.

2. 공항복합도시의 공간과 핵심 인프라

전통적으로 대도시 내부 공간의 구성처럼 공항복합도시의 중심에는 공항도시의 중심부가 있으며, 항공과 관련된 비즈니스와 관계자의 주거개발지가 분산되어 분포한다. 공항복합도시는 연결성, 속도 등의 새로운 비즈니스 요소를 반영해 새로운 기능 수행에 최적화되었는데, 대표적으로 경제 클러스터 및 도로교통 네트워크의 발달이다. 공항을 연결하는 고속도로와 철도 등은 도시 내부의 상업적 핵심과 공항 간의 접근성을 제고하고 화물 수송과 관련된 속도에 대한 새로운 시장을 형성하는 조건을 마련하고 있다. 특히, 고속철 등 새로운 교통수단을 통한 접근성의 획기적 개선은 공항 주변지역 전체뿐 아니라 국가 전체적 차원에서의 새로운 경제시장을 확대하는 촉매제 역할을 하고 있다.

글로벌 정보통신기술 네트워크의 발달에 따른 새로운 비즈니스 환경은 글로벌 시장에 존재하는 공급자와 소비자, 그리고 중간 역할을 하는 배송자 등의 효율적인 연계를 강화하고 있으며, 이러한 접근성 및 신속성 등의 강화는 공항 주변에 더 많은 경제적 유인 효과를 발생시키고 있다.

즉, 공항복합도시의 성장 핵심은 바로 속도의 경제를 실현함으로써 새로운 비즈니스의 창출 기회를 제공하고 있다는 것이다.

첫 번째로, 제조업의 측면에서도 향상된 정보통신기술과 고속의 교통망을 활용해 고객의

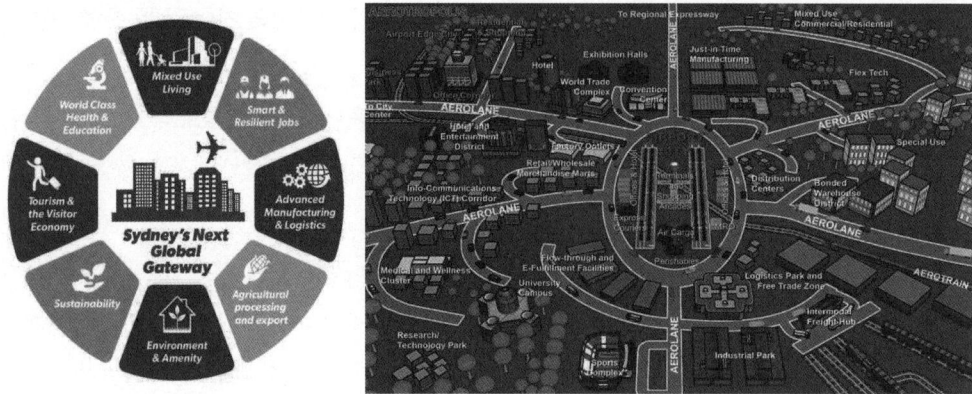

[그림 7-3] 공항복합도시의 비즈니스 콘셉트

독특한 수요에 빠르고 유연하게 대응할 수 있는 경쟁력을 확보할 수 있으며, 이는 기존 제조업에 세계적 공간에서의 시장 확대를 가져다주고 있다. 또한 항공기가 가지고 있는 빠른 장거리 이동성은 고객이나 파트너 기업과의 거래를 수행하는 지역본부, 무역센터, 무역대표부 사무실, 그리고 정보 집약적 서비스 회사에 편의성과 유연성을 제공함으로써 매력적인 입지 조건을 제공한다.

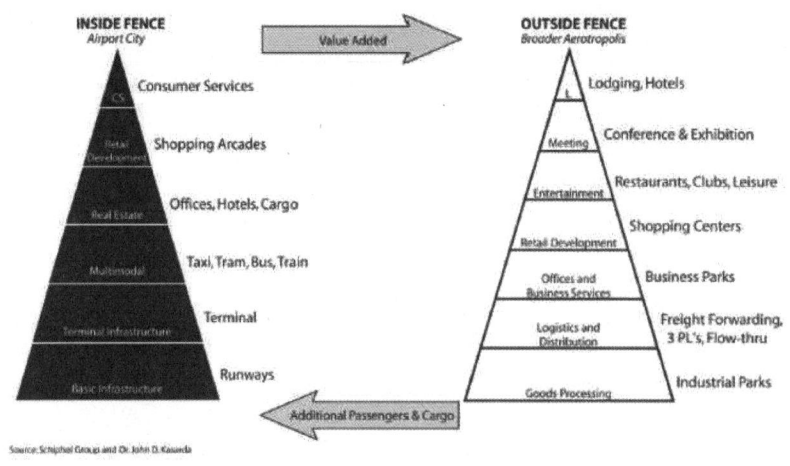

[그림 7-4] 카사드라의 공항도시와 공항복합도시 간 시너지 관계

두 번째, 항공화물의 특성과 연계된 측면에서도 항공화물은 대부분 무게 대비 고부가가치 상품이 대부분이며 공항복합도시적 입지 조건을 통해 고객 대응 시간과 보관비용을 감소시켜 수익성을 추구하는 데 적합하다. 이러한 공항복합도시의 입지적 조건과 비즈니스 창출에 대한 경쟁력은 수많은 첨단기업이 주요 공항복합도시에 입주하게 하는 경향을 가진다.

세 번째로 공항을 이용하는 승객의 구매력을 이용한 상업시설이 수익성에서 긍정적인 측면을 가진다. 호텔, 레스토랑, 쇼핑, 피트니스센터, 엔터테인먼트 등 모든 종류의 서비스 경제 분야에서 공항복합도시의 경쟁력이 강화되고 있는데, 서비스 기능의 도시 내 재배치를 통해 공항 주변 5㎞ 내 지역은 교외지역보다 상당히 빠르게 직업을 창출하고 있으며, 부가가치 창출력도 높다.

따라서 공항도시와 공항복합도시 간의 시너지 효과 창출을 통해 공항은 공항복합도시에 입지한 기업에 속도감 있는 장거리 시장의 접근성을 제공함으로써 고부가가치 비즈니스를 창출할 기회를 준다. 또한 공항복합도시의 활성화는 공항을 중심으로 한 공항도시를 이용하는 승객과 화물의 추가적인 수요를 발생시키는 것은 물론 공항복합도시의 서비스 경제 분야의 경쟁력을 확보할 수 있도록 한다.

이러한 공항복합도시의 핵심적 성공 요인을 만들기 위한 방법으로 카사드라와 애폴드(Kasarda & Appold, 2014)는 공항복합도시 개발과 관련된 〈표 7-3〉과 같은 10가지 원칙을 소개하고 있다

〈표 7-3〉 공항도시 개발 관련 10대 원칙의 내용

1	공항도시는 단지 미래에 금융 수익을 제공해야 하는 거대한 자본 투자일 뿐만 아니라 거대한 공공재화이다. 따라서 이용자, 투자자, 인근 커뮤니티, 대도시지역 그리고 국가 등 관련 이해 당사자에게 최대의 가치를 보장할 수 있는 신중한 장기계획이 필요하다.
2	공항도시 개발은 좀 더 광범위한 투자 및 상업적 입지 시스템의 일부이다. 공항도시 계획은 국지적인 도시 개발의 방향 및 경쟁 관계에 있는 시설에 대해서도 인지하고 있어야 한다.
3	성공적인 공항도시 발전을 위해서는 이해당사자 간의 합의가 필수적이다. 공항도시 개발은 근본적으로 토지 소유자, 투자자, 개발자 그리고 인프라 및 항공 서비스 제공자 간의 협업 벤처이다. 따라서 단순히 비즈니스의 비용 및 시장에 대한 고려뿐만 아니라 정부와 항공사의 결정도 이해해야 한다.
4	지역 경제 상황과 부동산 시장 수요는 공항도시와의 특징과 개발 속도를 결정한다. 기능이 형태를 결정하므로 지역의 비즈니스 수요와 지역 부동산 수요에 대한 분석과 공항의 상업 부동산 계획과 공항복합도시 시설계획은 상호 조율이 필요하다.

5	공항도시 모델에서는 상업 부동산 개발 원리로서 접근성이 입지에 우선한다. 시간비용이 효율적인 공항도시 계획에 주요 목표이다.
6	성공적인 공항도시는 테넌트(tenant), 이용자, 투자자, 비즈니스 그리고 지역에 혜택을 제공할 때 속도, 규모 그리고 범위의 경제에 의존할 것이다. 하지만 그러한 외부경제는 개발이 거의 성숙했을 때 가능하다. 따라서 도시 및 공항 계획가와 관리자는 단기간 투자수익과 지속적인 인프라 개선을 도모할 수 있어야 한다.
7	공항도시의 주거 커뮤니티는 장소성을 제공하고, 편리한 서비스와 도시 어메니티(amenity: 쾌적성)를 제공할 수 있는 형식으로 개발되어야 한다. 공간적으로 이러한 커뮤니티는 비행기 항로에서 벗어나 있으면서 공항도시의 일자리와 지상교통에 대한 접근성이 높은 곳에 위치해야 한다.
8	공항도시 개발과 스마트 도시 성장은 동시에 진행되어야 한다. 공항 중심의 재집중화와 계획된 클러스터 개발은 공항지역의 가능성, 지속가능성 그리고 이미지를 혼란시키는 무계획적인 개발에 대한 처방이 될 수 있다.
9	공항도시의 궁극적인 성공은 공항도시가 기업에 제공하는 항공으로 가능해진 이점과 그리고 지역과 지역주민에게 가져다주는 가치에 있다.
10	공항도시를 바르게 만들기 위해서는 공항계획, 도시계획 그리고 비즈니스 입지계획을 통합하는 것이 필요하다.

3. 공항회랑도시와 공항(광역) 클러스터

2000년대부터는 공항의 역할과 개념이 좀 더 확대된 '공항회랑(airport corridor)'으로 연결되고 있다. 이는 개발 규모를 도시권까지 확대해 한 도시권역을 개발할 때부터 공항의 역할을 정립하며, 공항과 공항 기반 도시 사이 지역으로 도시와 공항을 연결시키고, 복수의 타운을 아우르는 테마화된 도시로 개발하면서 서로 간을 신속하고 편리한 접근 교통 수단으로 연결하는 것이다.

공항과 배후 중심도시를 잇는 교통축을 중심으로 공항 관련 기능과 연계된 도시의 기능이 집적해 형성되는 회랑 형태의 집적지를 공항회랑도시라고 개념적으로 정의한다. 대체로 도심에 가까이 있던 공항이 확장 과정에서 외곽으로 이동하게 되고, 이동한 공항을 중심으로 공항 관련 기능과 도심의 기능이 부분적으로 이동하는 과정을 거친 후 공항과 도심을 잇는 지역이 전체적으로 회랑 형태의 도시로 성장하는 것이다.

이러한 공항회랑도시로의 진화에 더해 최근 중국에서는 공항회랑도시보다 더 확대된 개념으로의 공항 클러스터(airport cluster) 개념으로 접근을 시도하고 있다. 중국은 넓은 국토 면적의 효율적 개발을 위해 항공산업에 적극적인 투자를 진행하고 있으며, 이러한 투자는 공항을 중심으로 한 거대한 대도시권 개발을 위한 도시 클러스터라는 개념을 활용하면서 공황(광역) 클러스터라는 지원적 개념을 적용하고 있다.

〈표 7-4〉 중국의 공항 광역 클러스터 개념

구분	공항복합도시 (Airport City)	공항기반도시 (Aerotropolis)	공항회랑 (Airport Corridor)	
개발 방향	공항과 부동산의 종합적인 개발	공항 근처의 분리된 부동산 개발	부동산과 도로, 철도 등 기반시설의 종합적인 개발	중국의 공항 광역 클러스터 (Airport Cluster) 개념
개발 목적	여객과 물류 처리, 국제 업무 및 상업지구 역할	산업 클러스터 개발, 산업, 주거 배후단지 개발	도시와 공항을 연결하는 도시 건설	
개발 위치	공항을 중심으로 한 주변 지역	공항 주변, 공항 반경 20km 이내	공항에서 도시까지	
개발 주체	공항 운영자	개별 사업자 및 개발업자	기반시설 개발 사업자	
개발 규모	지역권	지역권	도시권	

출처 : 인천국제공항공사 외(2007) 편집.

　비즈니스 클러스터(business cluster)라는 개념은 경영이론 및 전략가로 유명한 포터(Michael Porter) 교수가 1990년에 제시했다. 그는 "특정 분야의 경쟁에서 협력 관계인 기업, 전문 공급업체, 용역업체, 관련 산업기관이 인접하고 있는 결합체"를 클러스터로 정의하고, 이런 클러스터 개념을 최근 중국에서는 공항 운영에서도 적용함으로써 대도시권 안에 개별적인 공항 운영과 공항 개발이 아닌 대도시권 단위를 통합하려는 클러스터 개념으로 확대해서 접근하고 있다.
　중국의 공항 광역 클러스터라는 개념은 중국의 도시 클러스터를 위한 교통 인프라의 획기적 개선 개념이다. 중국은 앞선 전략과 계획 외에도 '국가 신규 도시화계획'(2014~2020년), '실크로드 경제지대 및 21세기 해상 실크로드 건설을 위한 로드맵 및 방안', '장강 경제벨트 발전계획 요강', '베이징, 톈진, 허베이 균형계획 요강', '장강삼각주 도시 클러스터 발전계획', '중화인민공화국 국민경제사회발전 제13차 5개년계획 요강' 등 다수의 계획에 세계적 수준의 도시 클러스터 조성을 위한 '베이징-톈진-허베이', 장강삼각주, 주강삼각주라는 거대 핵심 권역을 묶어 세계적 수준의 도시 클러스터로 발전시키겠다는 계획을 밝히고 있다.

〈표 7-5〉 중국 3대 공항 클러스터 주요 현황

구분	베이징·톈진·허베이	주강삼각주	장강삼각주
산하 도시 수	13	11	30
도시명	베이징, 톈진, 스자좡, 탕산, 친황다오, 한단, 싱타이, 바오딩, 장자커우, 청더, 창저우, 랑팡, 헝수이	홍콩, 광저우, 선전, 마카오, 주하이, 포산, 장먼, 자오칭, 후이저우, 둥관, 중산	상하이, 난징, 우시, 쉬저우, 창저우, 쑤저우, 난퉁, 롄윈강, 화이안, 옌청, 양저우, 전장, 타이저우, 항저우, 닝보, 원저우, 자싱, 후저우, 자오싱, 진화, 취저우, 저우산, 타이저우, 리수이, 허페이, 우후, 화이난, 마안산, 추저우
공항(개)	8	7	19
공항명	베이징(서우두, 난위안), 톈진, 스자좡, 한단, 탕산, 친황다오, 장자커우	홍콩, 광저우, 선전, 마카오, 주하이, 포산	상하이(푸둥, 훙차오), 항저우, 나징, 허페이, 원저우, 닝보, 쑤난, 창저우, 쉬저우, 롄윈강, 저우산, 타이저우, 난퉁, 화이안, 양저우, 취저우
여객 처리량(억 명)	1.16	1.75	1.82
화물 처리량(만 톤)	225	737	507

출처: 장리(2018.01).

토론 과제

1. 공항도시에 대해 설명해 보시오.
2. 공항과 도시의 발전 관계에 대해 자신의 견해를 정리해 보시오.
3. 공항 클러스터의 개념을 설명하고 도시 발전을 위한 클러스터 형성에 대한 자신의 견해를 정리해 보시오.
4. 공항과 공항도시의 서비스를 비교해 보고, 공항 중심의 복합도시 발전이 도시 발전에 기여할 수 있는 부분에 대해 논의해 보시오.

공항과 도시의 미래

이 장에서는 미래의 도시의 발전과 관련된 특화된 분야로서 공항에 대해 살펴볼 것이다. 과거 도시 성장의 경로와는 다른 도시 경제구조의 변화에 따라 도시 성장과 미래 성장 방향은 매우 다양하게 전개될 것이다. 미래 개별 도시가 어떠한 이미지 형성하고 이를 바탕으로 성장 전략을 수립하고 도시정책을 시행하는 것을 상상해 보는 것은 우리나라가 또는 우리가 살고 있는 도시가 당면하고 있는 문제를 해결하는 데 적절한 시사점을 줄 수 있을 것이다.

제1절 도시 미래를 바라보는 시각

1. 지속 가능한 도시

지금까지 도시는 항상 변화하고 성장하면서 우리의 삶과 매우 밀접하게 연계되어 있었다.

앞으로도 지속 가능한 도시 개발(sustainable urban development)은 일반적으로 환경에 부정적인 영향을 미치지 않으면서 사람들의 삶을 풍요롭게 하는 것을 의미한다. 지속 가능한 도시 개발은 자원을 파괴하지 않으면서 무한정 지속될 수 있는 도시 개발의 유형이다(Harris, 1995). 도시는 지금까지 전 세계적으로 재생 불가능한 에너지자원의 주요 소비자로 주요 인구 이입지이자 인구 성장지이며, 환경오염원의 주요 배출처였다. 이러한 속성은 도시에 내재된 기본적인 속성이다.

하지만 지속 가능한 발전이 단지 환경적인 속성으로만 한정되는 것은 아니다. 지속가능성은 환경적인 부분을 포함해 경제적, 정치적, 사회적, 그리고 문화적 속성을 포함한 개념으로 도시의 지속가능성을 논할 때 형평성 있는 도시 개발 형태의 주요한 전제가 될 것이다.

앞으로 도시는 세계적으로 연결되고 도시경제적 측면에서 다양한 도시와 경쟁하게 되고, ICT 발전에 따라 도시의 물리적 형태의 발달에 다양한 영향을 미칠 것이다. 또한 다양한 형태의 도시 개발 구조에 따라 기존 도시지역 외곽에 위치한 도시와 같은 분산된 도시인 에지시티(edge city)에 대해서도 지속된 논의가 이루어질 것이다. 또한 최근에 창조도시와 관련된 개념에서도 도시의 경제적·문화적·정치적·예술적 경쟁력을 바탕으로 도시의 혁신적 발전을 유도하는 측면도 지속적으로 논의될 것이다.

여기서는 이러한 미래 도시를 바라보는 시각에 대해 살펴보도록 하겠다.

1) 세계도시

세계도시(世界都市, global city, world city)는 주로 경제적, 정치적, 문화적인 중추 기능이 집적해 있으며, 세계 경제적 시스템에서 중요한 위치를 차지하는 도시를 가리킨다. 세계도시라는 용어는 미국 사회학의 권위자 중 한 명인 사센(Saskia Sassen) 교수가 1991년 고안해 낸 개념으로, 2001년 출판한 그의 저서 『세계도시: 뉴욕, 런던, 도쿄(The Global City: New York, London, Tokyo)』에도 등장한다. 저자가 주장한 바에 따르면, 세계도시는 기능적으로 대기업 및 다국적 기업의 본사가 집중해 자본과 정보가 모이는 결절지의 역할을 한다. 또 국제 금융기구, 로펌(law firm) 등의 생산자 서비스업이 발달했으며, 고급 소비자 서비스업도 발달해 있다. 주요 세계 도시로는 뉴욕, 도쿄, 런던이 언급된다. 또 국제 금융, 경제, 정치, 문화, 교통, 연예, 산업, 인구의 세계적 영향력에 따라 세계도시 중에서도 최상위도시, 상위도시, 하위도시 분류되는데, 최상위도시로는 뉴욕, 도쿄, 런던을 지목했으며, 이를 일명 세계 3대 도시라고 했다. 그리고 상위도시로는 파리, 브뤼셀, 프랑크푸르트, 상하이, 홍콩, 싱가포르, 로

스앤젤레스(LA), 시카고, 상파울루 등이 언급된다(위키백과).

도시경제 및 산업적 측면에서도 과거 수직적 통합 생산 방식에서 수직적 분산으로의 경향이 뚜렷하게 나타나고 있으며, 이러한 경향은 세계도시화 경향을 촉진시키는 요소로 작용할 것이다.

〈표 8-1〉 생산 방식의 변동에 따른 거버넌스 변화

	수직적 통합	수직적 분산
기업 내	내부화(계층)	외부화(계층 혼재)
기업 간	수직적 협력	수평적 협력
공간	집중(기능-영역 일치) 거리 마찰 비용 감소	분산된 집중(기능-영역 불일치) 비대칭적 권력과 통제의 행사

출처: 조형제(2009).

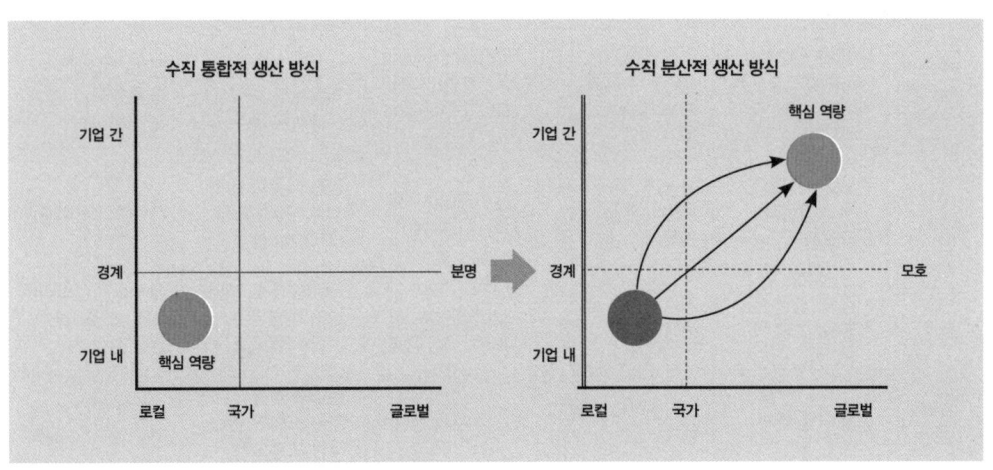

자료: 조형제(2009).

[그림 8-1] 수직 분식적 생산 방식으로의 이행

그러나 세계도시에 대한 부정적인 측면에 대해 주목하는 의견도 있다. 세계도시는 국제적 분업이나 금융·경제의 발달에 따라 최상위도시, 상위도시, 하위도시 간의 고용 패턴을 비롯한 뚜렷한 차이가 진행되고 있고, 이는 소득과 기회를 분리시키는 현상을 초래한다. 또한 하위 도시에는 양적·질적인 인구 감소와 산업의 쇠퇴가 발생하기도 하는 주변화 현상을 겪기도 하며, 세계 경제 네트워크에서 지역의 중심지와 연결될 수 있는 기회를 상실하기도 한다. 이는 세계 체계가 통합된 상황에서도 도시 간 그리고 도시 내부에서도 사회적·경제적·공간적인 불평등을 낳게 될 것임을 암시한다.

2) 경쟁적 도시

도시는 여러 가지 이유로 경제적 측면에서 다른 도시들과 비교해 상대적으로 투자와 고용에서 경쟁적 우위를 가져야 했다. 이러한 경쟁력은 경제 개발을 촉진하려는 도시경제정책과 계획 및 도시재생사업을 포함하고 있다. 경쟁력이 있는 도시 내에서 경쟁적 상황은 이제는

〈표 8-2〉 도시재생의 변천 과정

구분	1950년대 Reconstruction	1960년대 Revitalization	1970년대 Renewal	1980년대 Redevelopment	1990년대 Regeneration
주요 전략과 방향	마스터플랜(Master Plan)에 의한 도시 노후 지역의 재건축, 교외지역의 성장	교외 지역과 주변부의 성장, rehabilitation의 초기 시도	재개발(Renewal)과 근린 단위계획에 관심, 주변부 개발 지속	대규모 개발 및 재개발계획, 대규모 프로젝트 위주	정책과 집행이 좀 더 종합적인 형태로 전환
주요 주체	중앙과 지방정부, 민간 개발업자, 도급업자	공공과 민간 부문의 균형과 조화	민간 부문의 역할 강화, 지방정부화	민간 부문과 특별 정부기관이 중심, 파트너십 성장	파트너십이 지배적
공간적 차원	지방 및 해당 부지 차원의 강조	지역 차원의 활동 등장	초기에는 지역 및 지방 차원, 후에 지방 차원이 강조	1980년대 초 해당 부지 차원 강조, 지방 차원 강조	전략적 관점의 재도입, 지역 차원의 활동 성장
경제적 측면	공공 부문 투자	민간투자의 영향력 증대	민간투자의 성장	선별적 공공 자금을 받은 민간 부문이 주도적	공공과 민간, 자발적 기금 간의 균형
사회적 측면	주택 및 생활 수준 향상	사회복지 증진	커뮤니티 위주의 시책에 많은 권한 부여	선별적 국가 지원 하의 커뮤니티 자활	커뮤니티 역할 강조
물리적 강조점	내부 지역의 재건과 주변지역 개발	기존 지역의 재건과 병행	노후화된 지역의 재개발 확대	대규모 개발 프로젝트	신중한 개발계획, 문화유산과 자원 유지 보전
환경적 접근	경관 및 일부 조경 사업	선별적인 개선	혁신적인 사업을 통한 환경 개선	환경적 접근에 대한 관심 증대	환경성 지속성 개념 도입

출처: Roberts & Sykes(2000).

보편화되었다고 할 수 있다. 정책의 우선순위는 지속 가능성의 확보보다는 경제 개발에 초점을 맞추고 있으며, 이러한 경제력 우위를 달성하려는 전략은 도시를 대량의 경제적·사회적 자원소비자로 만들었다.

하지만 이러한 경쟁적 환경의 조성과 도시정책의 방향이 경제적 우위에 있다고 하더라도 기존의 재개발 방식에 대한 반성을 바탕으로 사람들의 풍요로운 삶의 추구, 도시정책의 수혜자에 대한 새로운 접근 등이 나타나고 있다.

3) 스마트 시티

스마트 시티(smart city) 또는 스마트 도시는 다양한 유형의 전자 데이터 수집 센서를 사용해 자산과 자원을 효율적으로 관리하는 데 필요한 정보를 제공하는 도시를 말한다. 스마트 시티의 개념은 도시 운영 및 서비스의 효율성을 최적화하고 시민과의 연결을 위해 네트워크에 연결된 다양한 물리적 장치인 사물 인터넷과 정보통신기술(ICT)을 통합하는 과정에서 나타났다. 물론 스마트 시티의 개념 전에 전자도시라는 개념도 존재했다. IT 기술의 발전은 도시의 물리적 형태의 발달에 영향을 미치고 도시 중심부의 기능 분산을 촉진한다는 개념이 있었다. 하지만 현재는 스마트 시티라는 개념으로 확장되어 도시 전체의 정교한 통합과 조정을 통해 도시에 거주하는 사람들의 삶을 풍요롭게 만든다는 측면을 강조한다.

하지만 도시에 ICT 기술이 접목되고 도시에 거주하는 사람들의 삶의 편리성이 높아진다고 하지만 기존에 있던 도시의 특성이나 사회·경제적 역동성에 의해 스마트 시티도 구조화될 것이다. 따라서 기존에 존재하던 사회·경제적 불평등을 강화하는 방향을 해결하지 못한다면 미래 도시는 성장의 시각으로 볼 때 한계를 보일 것이다.

4) 에지 시티

에지 시티(edge city)는 기존 도시 지역의 외곽에 위치한 도시와 같은 취락을 의미하며, 지속 가능한 도시 형태를 제공하는 측면에서 분산된 도시 형태로 많이 논의되어 왔다.

에지 시티는 미국에서 유래된 개념으로, 이전에는 교외 거주 지역이나 시골 지역이었던 전통적인 도심이나 중심 비즈니스 지구 밖의 비즈니스, 쇼핑 및 엔터테인먼트의 집중을 의미한다. 즉, 전통적인 중심가 도시와는 달리 20세기에는 가장자리 도시가 새로운 형태의 도시 유형으로 자리 잡는다는 개념이다.

에지 시티가 환경적인 지속가능성을 제시할 수 있는가에 대한 논의는 여전히 논의의 쟁점으로 남아 있지만, 분명한 것은 현재까지 에지 시티가 지속가능성을 높일 수 있는 모델을 제시하지는 못하고 있다는 것이다. 현재 미국에서 나타나고 있는 에지 시티는 일반적으로 서민계층의 사람들에게는 배타적이다. 이들 도시는 대부분 부유층을 대상으로 개인적이며 사치스러운 커뮤니티 형태를 가지고 있다.

기존 도시 주변에 배타적인 에지 시티들이 발달한다면, 이는 도시환경 전체에 부정적인 영향을 줄 수 있으며, 부유층과 빈곤층의 사회적 양극화를 촉진하는 반사회적 요소로 작용할 수도 있을 것이다.

2. 도시의 차별성과 정체성

우리가 살고 있는 도시의 지속가능성을 확보하고 지속적인 발전을 위해서는 도시를 보는 시각과 그 시각에서 나타나는 부족한 부분을 개선하는 노력을 기울여야 할 것이다. 도시가 세계적인 네트워크에서 중심적 역할을 수행하고 경제적 측면에서의 경쟁력을 가지는 방법은 전통적인 차원에서의 산업적 발전 외에도 다양한 이미지와 정체성을 바탕으로 하는 차별적 정체성을 가지는 것이 중요하다. 우리의 주요한 논점 가운데 공항이 도시 발전에 주는 차별적 경쟁력의 확보 면에서도 도시 고유의 환경과 비교경쟁력을 어떻게 확보하느냐가 매우 중요한 요소이다. 즉, 도시의 내재적 특성을 개발하면서, 그 내재적 특성을 중심으로 세계 네트워크와 연계되어 차별적인 정체성을 확립하는 것이 미래 도시의 성장의 중요한 밑거름이 된다는 것이다. 그렇지 않고 쉽게 가져올 수 있는 모방에 의존하면 도시의 특성은 사라지고 경쟁력을 상실하게 될 것이다. 차별성을 유지하는 것은 쉬운 일이 아니며 끊임없이 연구하고 노력해야 한다. 도시의 차별성과 정체성을 가지기 위해서 도시는 최소한 유연한 도시구조를 구축하는 데 다음과 같은 요인에 대해 지속적인 개선도 함께 이루어져야 할 것이다.

첫째, 유연한 도시 정치 및 행정 시스템의 구축이 필요하다. 급변하는 세계적 환경 변화에 대응해 도시는 중요한 정책결정 과정 체계인 정치와 행정적으로 효율적이어야 한다. 도시정책을 결정하는 데 시민의 참여가 보장되고, 시민은 적극적으로 참여해 도시에서 발생되는 여러 문제에 대해 비판하고 대안을 제시할 수 있어야 한다. 또한 도시의 잠재력을 충분히 발휘하기 위해 소득, 연령, 성, 인종 등 차별적 요소와 양극화 등 불합리한 부분을 지속적으로 개선해야 한다.

둘째, 유연한 관리 방식을 통해 경쟁력을 확보해야 한다. 1980년대를 품질(quality)의 시대라고 하고, 1990년대를 구조혁신(reengineering) 시대라고 한다. 21세기에는 속도(velocity)의 시대가 되리라 예측하는 사람이 많이 있다(임재현, 2016). 급속한 변화에 신속하게 대응하지 못한다면 도시 간의 경쟁에서 뒤쳐질 수밖에 없다. 따라서 도시행정의 전통적 계층제에 대한 부분을 개선하고 지식·정보 중심의 운영을 통해 성과 중심의 유연한 관리 방식을 도입해야 할 것이다.

셋째, 기존 산업사회의 생산 방식을 벗어나 유연한 생산 방식을 도입해야 한다. 산업사회에서는 생산비용을 최소화하기 위한 대량생산 체제를 통한 규모의 경제(economy of scale)를 추구했다. 하지만 후기산업사회에서는 이러한 생산 체계의 한계를 벗어나 시장과 소비자의 선호에 따른 유연한 생산 방식, 즉 범위의 경제(economy of scope)를 추구하고 있다.

제2절 도시 미래와 공항

1. 공항경제권과 지역혁신

공항경제권에 대한 논의는 앞 장에서 공항복합도시, 공항기반도시, 공항회랑, 그리고 공항 클러스터 등의 여러 개념을 통해 살펴보았다. 또한 최근 산업경제 및 경제구조의 변화에 따라 지역혁신이란 측면의 논의도 활발하게 진행되고 있다. 지역혁신 체계는 세계화 시대 지역 간 경쟁이 심화되면서 지역의 경쟁력을 확보하기 위한 환경, 즉 혁신 체제를 갖추는 것이 중요하다는 점을 강조하면서 주목을 받았다.

「국가균형발전특별법」 제2조 제3호는 지역혁신을 "지역의 인적 자원 개발, 과학기술, 산업 생산, 기업 지원 등의 분야에서 지역별 여건과 특성에 따라 지역의 발전 역량을 창출·활용·확산시키는 것"이라고 규정하고, 이어 제4호에서 지역혁신 체계를 "지역혁신을 위하여 대학, 기업, 연구소, 지방자치단체, 비영리단체 등의 활동을 상호 연계하거나 상호 협력을 촉진하기 위한 지원 체계"라고 규정하고 있다.

따라서 공항경제권은 지역혁신을 주도하기 하기 위해 공항을 중심으로 산업 발전, 인적 자원 개발, 기업 육성, 기술 개발, 도시정책 등이 여러 혁신기관의 거버넌스를 통해 이루어지고 있는 곳이라고 할 수 있다.

2014년에 계획된 멤피스 공항기반도시 계획에서도 나타나듯이 공항을 기반으로 시민에게 다양한 교통선택권의 제공, 균등하고 저렴한 주택의 제공, 경제적 경쟁력 강화, 지역사회 커뮤니티 강화, 도시정책 개선 및 투자, 건강하고 안전한 공동체 및 지역 만들기를 중요한 목적으로 설정하고 공항경제권에 대한 미래 비전을 설정하고 있다(Memphis Aerotropolis, 2014).

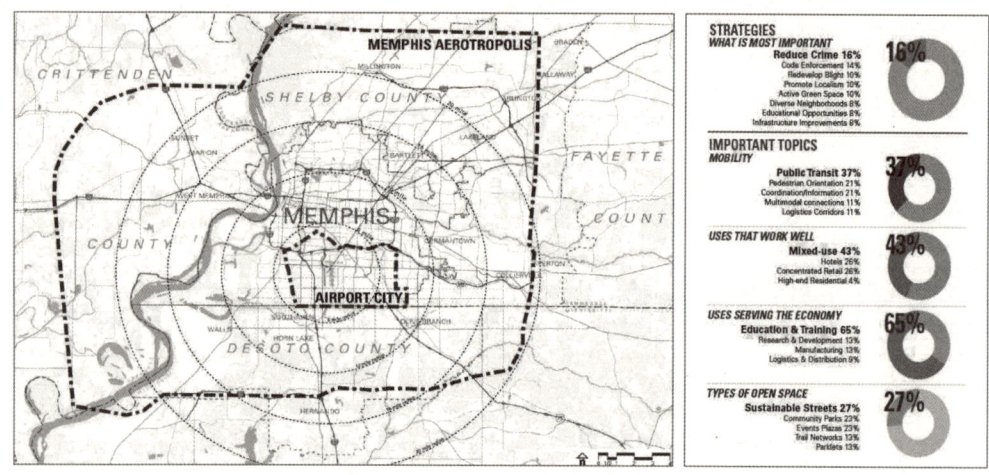

[그림 8-2] 멤피스 공항 기반 도시계획의 공간적 범위 및 주민 요구 사항

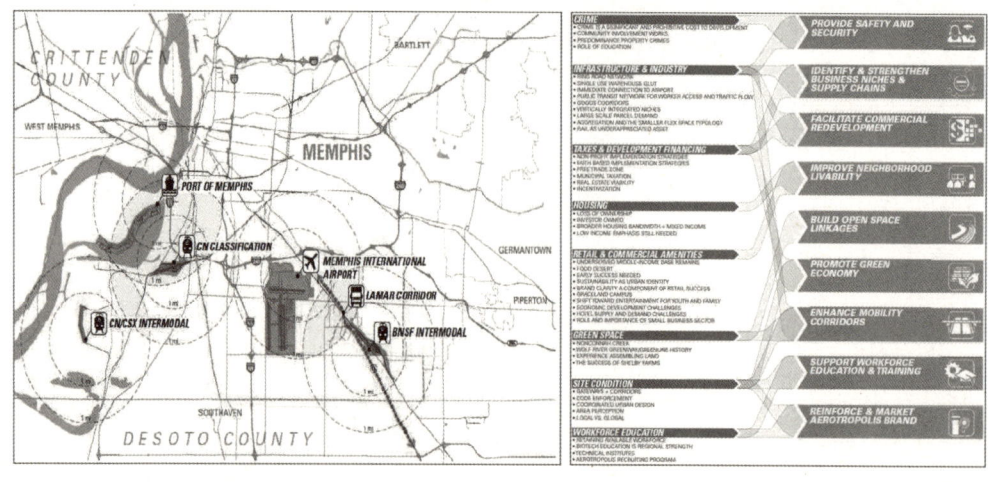

[그림 8-3] 멤피스 공항 기반도시 발전 허브 구성 및 개발을 위한 원칙

멤피스 공항 기반도시는 공항경제권을 형성하기 위한 비전으로 "지속 가능한 경제와 공동체 발전을 위해 커뮤니티, 연계, 경쟁력, 협력을 통해 새로운 일자리 창출과 공항경제권 형성"을 비전으로 설정하고 있다. 이것은 공항이 지역에서 지역혁신의 주체로 새로운 경제구조 형성과 지역의 일자리 창출, 그리고 도시문제의 해결의 효율적 수단으로 활용되고 있는 것을 의미한다.

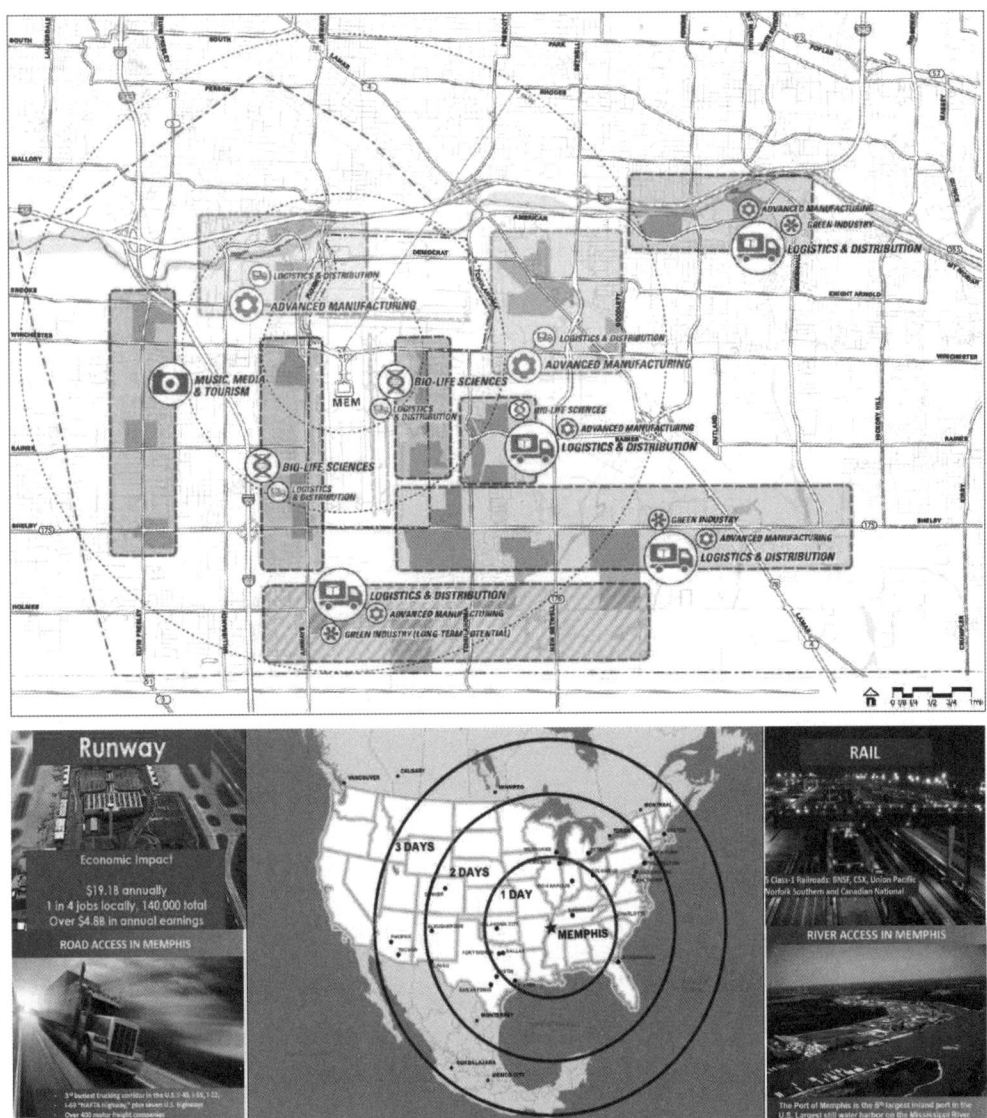

[그림 7-4] 카사드라의 공항도시와 공항복합도시 간 시너지 관계

공항경제권의 주요 특징은 첫째, 공항 중심의 광역적 경제권을 형성한다는 것이며, 둘째, 항공산업뿐만 아니라 비즈니스, 지원 서비스 기능 등을 포함하는 포괄적 접근을 통해 공항구역과 관련된 경제활동이 이루어지는 업무단지, 산업단지, 경자구역 등을 포함하는 배후지역, 신성장 거점으로서의 공항과 지역산업 거점 등을 계획에 포함해 지역 개발 및 도시 성장을 위한 종합적 계획으로 진행된다는 것이다. 셋째, 기능적 측면에서 공항 적합성 산업생태계 구축(물류 기능, 연계 교통 기능 중심에서 첨단산업 집적화, 업무 기능, 지식 서비스[주택, 의료, 교육, 통신 등])의 강화, 경제자유구역 및 첨단산업단지 등 기존 산업 거점과 연계성 강화를 통해 기존 도시의 성장 기반 강화를 동시에 추진한다는 것이다. 넷째, 공항경제권의 주요한 적합 업종으로 물류 업종(구매 조달, 생산, 유통, 운송, 제고 관련 업종 등), 비즈니스 지원(국제 금융, MICE 산업 등), 첨단산업 업종(경박단소형[IT · BT 업종]), 소재산업, 조립완제품 산업 등 기존의 산업과 연계해 발전할 수 있는 새로운 전략적 산업이 공항경제권에 유치한다는 것이다. 다섯째, 추진 주체로 보면 중앙정부, 지방자치단체, 공항공사, 항공사, 민간 등 협력적 거버넌스로 추진체를 구성해 진행되며 여러 가지 법률적 지원을 받을 수 있다는 점이다.

2. 공항과 미래 도시

미래 도시가 정확하게 어떻게 발전되고 어떤 모습을 가진다고 명확하게 정의할 수는 없다. 하지만 앞으로 도시가 새로운 모습으로 도시에 거주하는 사람들에게 새로운 일자리를 제공하고 경제적 윤택함을 제공하는 모습으로 발전하기를 바라는 것은 당연하다. 현재 우리가 살고 있는 도시는 산업사회에서 지식사회로 전환되고 있고, 산업사회가 가지고 있었던 전통적 도시화나 공업에 의한 환경 파괴, 도시의 쇠퇴를 넘기 위한 기술혁신의 진전, 문화적 전통을 재창조한 도시 삶의 변화, 단순 생활공간으로서의 도시가 아닌 인간이 성장하고 도시에 조화를 이루는 공간으로의 변화가 진행되고 있다.

"인간은 집의 중심에 있기 때문에 집을 만든다. 그리고 인간은 집에서 나가기 위해, 똑같이 집에서 나온 사람들과 만나기 위해 도시를 만든다"라고 한 정치학자 오르테가 이 가세트(José Ortega y Gasset)의 말을 인용하면서 건축가 오카베 아키코(岡部明子)는 만남의 장(場)으로서의 도시의 의의를 설명한다. 이는 ICT 기술의 발전을 통해 기존의 공간적 개념에 큰 변화를 수반한다는 기존의 도시 발전과 관련된 의문을 던지고 있다. 즉, 사람이 살아가면서 도시라는 공간이 업무와 삶이 분리되고 사람들의 만남이 온라인에서 이루어지는 것이 아닌 도시 공동체와 그 속에서 생활하고 있는 사람들의 다양한 욕구에 의해 형성된다는 의미이다.

이러한 차원에서 새로운 사람들이 도시라는 공간에서 만나고 삶을 영위하는 중심에 세계로 이어지는 공항의 역할은 더욱 중요하게 여겨질 것이다.

공항은 사람들의 만남의 장소이며, 만남을 위한 출발지이자 종착지로서 미래에도 그 기능이 확장되고, 사람들을 위한 새로운 서비스 산업이 지속적으로 발전해 새로운 도시의 경제 활성화의 새로운 축으로 성장할 것이다.

토론 과제

1. 미래 도시에 대한 자신의 견해에 대해 정리해 보시오.
2. 공항 중심의 클러스터 형성이나 공항복합도시에 대한 사례를 조사해 보고 우리나라의 공항복합도시 발전에 대해 논의해 보시오.
3. 미래 도시에서 공항의 역할과 새로운 공항 서비스에 대해 논의해 보시오.
4. 공항과 연계된 새로운 산업 분야와 비즈니스 기회에 대해 논의해 보시오.

포틱스 산업론 항공 도시 관광

PORTICS INDUSTRY
Aviation City Tourism

제3편
항공과 관광

제 9 장 관광의 개념
제10장 관광상품
제11장 관광사업
제12장 마케팅

포틱스 산업론
- 항공, 도시, 관광 -

관광의 개념

관광은 인간의 이동이라는 개념을 중심으로 시간, 공간 그리고 인간의 활동, 심리적인 부분을 포함해 정의가 이루어진다. 또한 관광은 여가, 레크리에이션, 놀이와 같은 개념과 함께 검토된다. 관광이 갖고 있는 복합적인 특성, 시대적 상황, 연구자의 관점에 따라 다양하게 정의되고 있다. 따라서 관광의 개념을 이해하기 위해 관광의 정의, 유사 개념에 대한 탐색과 논의를 학습한다.

제1절 관광의 어원

인류의 이동은 다양한 이유로 진행되었으며, 현재도 다양한 형태의 이동이 진행 중이다. 인류의 이동은 과학의 발달과 더불어 이동의 자유 확대와 같은 환경 변화로 인해 더욱 확대되고 있다.

다양한 이동 중 관광활동은 거주지를 벗어나 다른 지역을 돌아보고 오는 활동을 의미한다. 즉, 다른 곳으로 이동해 새로운 거주지를 찾는 이주와는 차별화된 개념으로 이해되고 있다.

동양에서는 기원전 8세기 중국의 주나라 시대에 편찬된 『역경(易經)』의 '觀國之光 利用賓于王(관국지광 이용빈우왕:나라의 빛을 살펴야 한다. 그리하여 왕에게 손님이 되는 것이 이롭다)'이라는 표현이 등장하면서 관광(觀光)이라는 용어가 활용된 것으로 나타난다. 관광과 관련된 내용이 다양하게 나타나고 있으나, 대상 국가의 훌륭하고 멋진 문물, 제도, 풍습 등을 살펴보는 것으로 이해되어 왔다.

관광의 어원이 포함된 자료

- 최치원(崔致遠)의 『계원필경(桂苑筆耕)』: 신라 말기의 학자·문장가 최치원의 시문집으로 885년(헌강왕 11) 중국 회남(淮南)에서 귀국해 그 이듬해인 886년(정강왕 1) 그의 나이 서른 살이 되던 해에 당나라에 있을 때의 작품을 간추려 정강왕에게 바친 문집이다(출처 : 한민족문화대백과, 2019).
- The Sporting Magazine : The Sporting Magazine(1793-1870) was the first English sporting periodical to devote itself to every type of sport, thus providing the historian with a reasonably comprehensive source(출처 : Wikipedia, 2019)

계원필경(좌)과 The Sporting Magazine(우)

출처 : https://terms.naver.com, https://www.abebooks.co.uk

우리나라에서는 관광과 관련된 어원은 신라시대 최치원의 『계원필경(桂苑筆耕)』에서 '觀光六年(관광육년)'이라는 용어가 사용되었다. 『계원필경』에서는 중국에서 공부를 하며 새로운 문물을 접하며 살았던 6년이라는 뜻으로 나타난다. 고려시대에는 송나라에 갔던 사신의 기록인 『고려사절요(高麗史節要)』에 나타나는 내용으로 '觀光上國 盡損宿習(관광상국 진손숙습:상국을 보아 숙박하면서 배우는 것이다)'이 기술되어 있다. 또한 최해의 『칠언율시(七言律詩)』, 정도전의 『삼봉집(三峰集)』에도 관광이라는 용어가 등장한다. 조선시대에는 『중종실록(中宗實錄)』, 연암 박지원의 『열하일기(熱河日記)』에서도 관광과 관련된 용어가 나타나고 있다.

서양에서는 라틴어 tornus(돌다, 순회한다)를 어원으로 하는 tour라는 단어가 사용된다. tour는 사전적으로 여행, 관광과 같은 뜻을 포함하고 있으나, 한 바퀴 돌기, 일주와 같은 뜻을 포함하고 있다. tour는 tourist(관광객)와 tourism(관광)이라는 용어로 파생되어 나타났다.

관광을 뜻하는 tourism이라는 단어는 영국에서 발간된 *The Sporting Magazine*에서 1811년 등장했다. 이후 tourism이라는 단어는 관광을 의미하는 핵심 단어로 이해되었으며, 세계관광기구(World Tourism Organization: WTO)의 명칭에도 tourism이 활용되고 있다.

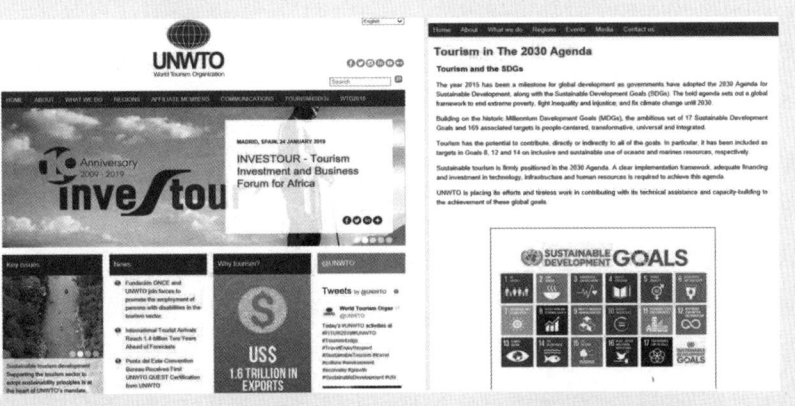

출처 : http://www2.unwto.org

제2절 관광의 개념

1. 사전적인 개념

관광의 개념을 알아보기 위해 사전적인 정의를 중심으로 접근을 수행한다. 우리나라의 경우 관광(觀光)은 "나라의 성덕(盛德)과 광휘(光輝)를 보는 것" 또는 "다른 지방이나 다른 나라에 가서 그곳의 풍경, 풍습, 문물 따위를 구경하는 것"으로 정의되고 있다(국립국어원 표준국어대사전, 2019).

영어권에서 사용하는 tour라는 단어는 "A tour is an organized trip that people such as musicians, politicians, or theatre companies go on to several different places, stopping to meet people or perform."과 같은 형태로 활용되고 있으며, tourism의 경우는 "Tourism is the business of providing services for people on holiday, for example hotels, restaurants, and trips."으로 정의된다(Collins Cobuild Advanced Learners English Dictionary, 2019).

2. 선행연구 검토

관광은 인간의 이동과 활동을 포함하는 개념으로 관련 개념을 정의한 학자 또는 단체에 따라 다양한 형태로 나타나고 있다. 따라서 관광의 개념을 좀 더 명확하게 파악하기 위해 기존의 관광에 대한 정의를 종합적으로 검토하기로 한다.

세계관광기구(World Tourism Organization: WTO)는 "관광이란 즐거움, 위락, 휴가, 스포츠, 사업·친구, 친척 방문, 업무 회의 및 회합, 건강, 연구, 종교 등을 목적으로 방문국을 적어도 24시간 이상 1년 이내 체재하는 행위"로 정의하고 있다.

WTO와 국내외 연구자들의 관광에 대한 정의를 종합적으로 검토했다. 검토 결과 관광이 갖고 있는 목적과 특성을 중심으로 관광이 정의되고 있는 것으로 나타났다(〈표 9-1〉 참고).

한국상품학회(2018)는 이와 같은 다양한 특성을 세 가지 유형으로 개념화해서 관광을 정의했다.

<표 9-1> 관광의 정의

구분	연구자	내용	비고
해외	슐레른 (H. Schlern, 1911)	관광이란 "일정한 지역에서 체재하고, 돌아가는 외래객의 유입과 유출의 형태를 취하는 모든 현상과 그 현상에 직접 결부된 모든 사상, 그중에서도 경제적인 현상을 나타내는 것"	경제적 현상에 집중
	보르만 (A. Bormann, 1931)	『관광학개론(Die lehrer von Fremderverkehr)』에서 "관광은 직장에 출퇴근과 같은 정기적인 이동을 제외하고 휴양 목적, 유람, 상용, 특수한 행사 참여 등으로 거주지에서 잠시 떠나는 것"	관광의 목적
	오길비 (F. W. Ogilvie, 1933)	『관광이동론(The Tourist Movement)』에서 "관광객은 다시 돌아올 의사를 갖고 1년을 넘지 않는 기간 동안 집을 떠나서 소비활동을 벌이는 것이지만, 소비되는 돈은 여행을 하면서 벌어들인 것이 아닌 것"	이동 시간의 개념화
	글뤽스만 (R. Glücksmann, 1935)	『일반관광론(Allgemeine Fremdenverkehrskunde)』에서 "관광이란 체재지에서 일시적으로 머무르고 있는 사람과 그 지역 사람들과의 여러 가지 관계의 총체"	관광객과 지역주민의 관계
	훈지커와 크라프 (W. Hunziker & K. Krapf, 1942)	외국인 관광객이 영리활동을 실행할 목적으로 정주하지 않는 한, 외국인의 체재로부터 발생되는 모든 관계와 현상에 대한 총체적인 것	영리활동 여부
	베르네커 (P. Bernecker, 1962)	관광은 상업 또는 직업과 관계없이 일시적으로나 자유 의사에 따라 다른 지역으로 이동하는 사실과 결부된 모든 관계 및 결과	자유 의사와 이동
한국	이장춘 (1986)	주거지를 일시적으로 떠나 휴식·휴양·위락·놀이·교육·교양 증진·수련을 통한 자기 발견으로 삶의 가치 증대를 꾀하며, 이를 위한 시설·자원·제도·정책이 뒷받침되는 현상	관광의 목적과 관광 시스템
	김성혁 (2000)	인간이 일상생활권을 떠나 다른 지역으로의 이동 및 체재로 인해 일어나는 현상 및 행위	이동과 관련 현상
	윤대순 외 (2007)	인간이 자기 집을 떠나 즐거움, 친교, 건강, 인격 도야, 견문 확대, 효도, 충성, 생활 개선, 일탈 등을 목적으로 여행해 진·선·미(眞·善·美)를 추구하는 체험 과정의 총체	관광 목적
	한국상품학회 (2018)	특정한 목적을 갖고, 주거지를 일시적으로 벗어나 다른 지역에서 수행되는 일련의 활동	이동과 관광활동

출처: 강덕윤·류기환·이병연(2012), 김용상·정석중 외(1997), 양영근(2007), 윤대순 외(2007), 이장춘(1986), 최기종(2014), 하동현·조태영·조영신(2016), 한국상품학회(2018)를 종합해서 작성.

첫째, 주거지를 일시적으로 벗어났다가 돌아온다.
둘째, 특정한 목적을 갖고 수행한다.
셋째, 목적지에서 수행되는 모든 활동이 포함된다. 즉, 관광의 정의는 인간의 이동, 관광의 목적과 활동을 중심으로 접근되고 있다.

3. 유사 개념 검토

관광은 인간의 활동과 관련된 개념으로 레저, 레크리에이션과 같은 개념과 높은 관련성을 갖는 것으로 나타나고 있다. 관광과 유사 개념을 검토해서 관광이 갖는 시간적, 내용적 특성을 분석하고, 유사 개념의 차별성을 검토한다.

레저는 시간적, 활동적, 상태적, 제도적인 부분에서 관광과 레크리에이션을 포함하는 개념으로 이해되고 있으며; 레크리에이션과 관광은 인간의 활동으로서 레저의 특정 영역에 위치하는 것으로 이해된다.

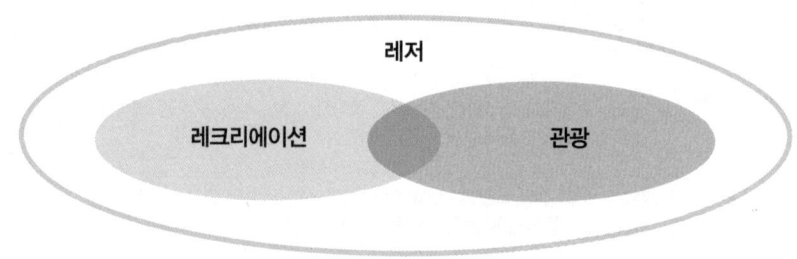

[그림 9-1] 레저, 레크리에이션, 관광의 관계

1) 레저

레저(leisure)는 사전적으로 "Leisure is the time when you are not working and you can relax and do things that you enjoy."으로 정의된다(Collins Cobuild Advanced Learners English Dictionary, 2019). 국어사전에서는 여가(餘暇)로 표현되며, "일이 없어 남는 시간"으로 나타나고 있다(국립국어원 표준국어대사전, 2019).

레저에 대한 개념적 접근은 다양한 형태로 이루어지고 있으나, 시간, 활동, 제도, 상태와 같은 부분으로 구분해서 개념화할 수 있다. 여가의 시간적 접근에서는 노동 시간과 생리적 필수 시간을 제외한 시간이 여가의 시간적인 영역으로 구분된다.

활동적인 차원에서는 인간의 의무와 관련 없는 자유로운 활동으로 구분되며, 상태적으로는 심리적인 안정과 자유가 포함된다. 제도적으로는 노동 시간을 제외한 시간으로 나타난다. 즉, 여가는 인간의 노동 시간과 생리적인 필수 시간을 제외한 시간으로서 자유로운 활동이 보장되고 이를 통해 휴식, 기분 전환, 자기 개발이 진행될 수 있는 시간으로 정의될 수 있다.

2) 레크리에이션

레크리에이션(recreation)은 사전적으로 "Recreation consists of things that you do in your spare time to relax."으로 정의된다(Collins Cobuild Advanced Learners English Dictionary, 2019). 레크리에이션의 정의에는 시간적으로 여가 시간에 진행된다는 부분이 포함되어 있으며, 회복 또는 재창조와 같은 내용을 포함한다. 레크리에이션은 여가 시간에 이루어지는 자율적인 활동을 통해 자신을 충전하거나 재창조하는 부분으로 이해될 수 있다.

〈표 9-2〉 레크리에이션의 정의

연구자	내용	비고
버틀러 (G. Butler)	위락 자체에 대한 어떤 보상을 위해 의식적으로 수행되는 것이 아니며, 어떤 의미 있는 활동을 뜻함.	의미성
시버스 (J. S. Shivers)	레크리에이션 활동을 통해 불균형을 이룬 감각이나 욕구 충족의 정도가 다시 균형을 회복하게 됨.	활동 성과
댄퍼드 (H. G. Danford)	개인의 욕구에 대한 만족과 인간관계를 통해 생활을 풍족하게 하고 개인 능력에 따라 자유롭게 선택한 활동	자유 선택

출처 : 최기종(2014).

3) 놀이

놀이(play)는 사전적으로 "When children, animals, or perhaps adultsplay, they spend time doing enjoyable things, such as using toys and taking part in games."로 정의된다(Collins Cobuild Advanced Learners English Dictionary, 2019). play는 라틴어 플라가(plaga, 갈증)에서 유래된 단어이며, 인간의 본능과 관련된 욕구를 반영하는 행동으로 이해된다.

로제 카유아(Roger Caillois)는 놀이를 인간의 본질적인 개념으로 이해함과 동시에 자유활동, 일상과의 분리성, 불확실한 활동, 비생산적인 활동, 규칙성을 포함, 허구적인 활동과 같은 특성을 갖는다. 즉, 놀이는 기존의 여가가 일정 범위에 포함될 수 있으나, 규칙성과 같은 사항을 포함해 기존의 레크리에이션, 관광과는 차이를 갖고 있는 것으로 이해할 수 있다(김윤종·강기수, 2010).

호모 루덴스

네덜란드의 문화사학자인 요한 하위징아(Johan Huizinga, 1872~1945)가 65세 때인 1938년에 발표한 저서 『호모 루덴스: 유희에서의 문화의 기원(Homo Ludens: A Study of the Play-element in Culture)』에서 제창한 개념으로 인간의 본질을 유희라는 부분에서 접근하는 인간관이다. 기존의 관점은 유희가 문화 속에서 발생하는 것으로 문화 쪽을 상위 개념으로 생각했으나, 하위징아는 문화는 원초부터 유희되는 것이며 유희 속에서 유희로서 발달한다고 주장했다.

하위징아는 한 시대의 문화를 총체적으로 파악하려는 문화사적(Kultur Geschichte) 역사학 접근 방법을 택했는데, 이 관점에 따르면 유희라는 말은 단순히 논다는 말이 아니라, 정신적인 창조활동을 가리킨다. 풍부한 상상의 세계에서 다양한 창조활동을 전개하는 음악, 미술, 무용, 연극, 스포츠, 문학 등이 여기에 포함된다.

유희는 생존과 직결되기보다는 실생활 밖에 있으며, 자유성을 포함하는 반면 목적을 갖지 않는 비생산적인 행위이지만, 점차 생활 전체의 보완이 되고 생활 기능·사회 기능, 즉 문화 기능을 갖는 필수적인 것으로 발전했다(pmg 지식엔진연구소).

출처 : https://www.amazon.com/; http://www.visual-art-research.com/; http://www.yes24.com/; 시사상식사전, pmg 지식엔진연구소(호모루덴스).

4. 관광의 구성

관광은 인간의 활동과 관련된 개념으로 이해할 수 있다. 즉, 인간의 관광활동에서는 관광활동의 중심인 관광객, 관광의 대상이 되는 관광자원과 같은 개념이 나타난다. 이와 같은 접근법은 관광구조의 2체계론으로 이해될 수 있다. 이후 관광산업과 사회 전반의 발전은 관광현상의 설명을 위해 관광 주체, 관광 객체, 관광매체와 같은 3체계론으로 설명되고 있다.

[그림 9-2] 관광구조

베르네커(P. Bernecker)는 그의 저서 『관광 기본 이론(Grundlagenlehre des Fremdenverkehrs)』에서 관광의 기본 구조를 설명하고 있다. 관광 현상의 기본적인 요소로 관광 주체인 관광객이 포함된다. 관광객은 가처분소득, 여가 시간과 관련된 요소와 관계된다. 관광의 대상이 되는 관광 객체는 관광자원을 의미한다. 관광자원은 환경적·문화적인 요소와 더불어 각종 행사와 같은 회의산업을 포괄하는 개념으로 이해할 수 있다. 관광매체는 관광사업과 관

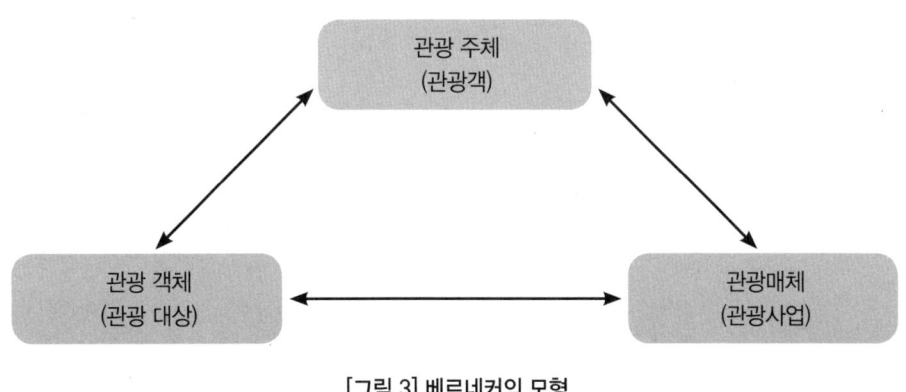

[그림 3] 베르네커의 모형

련된 개념으로 관광 주체와 객체를 연결하는 개념이며, 숙박, 관광객 이용시설 및 편의시설, 교통시설, 안내, 정보, 기념품 판매와 같은 다양한 분야가 포함된다.

레이퍼(Neil Leiper)는 관광산업을 관광자, 관광 발생지, 교통 루트, 관광 목적지, 관광산업과 같은 다섯 가지 요소로 구성된다고 설명한다(Leiper, 1979). 건(C. A. Gunn)은 관광개발계획의 관점에서 관광 현상을 설명하고 있으며, 관광자, 교통기관, 매력성(attractiveness), 서비스 및 시설, 정보 및 지도와 같은 다섯 가지 요소를 제시한다.

토론 과제

1. 관광의 개념에 대해 논의해 보시오.
2. 관광과 유사한 다양한 개념이 있다. 관련 개념과의 연관성에 대해 논의해 보시오.
3. 앞으로 관광의 개념 정의에서 어떤 부분이 중요한 부분으로 나타날까 논의해 보시오.
4. 내가 경험한 관광을 관광의 개념과 연계해 설명해 보시오.
5. 관광의 구성 요인에 대해 설명해 보시오.
6. 내가 경험한 관광활동 중 가장 기억에 남는 활동과 그 이유를 설명해 보시오.

관광상품

관광은 인간의 이동과 관광지에서의 다양한 활동을 포함하는 개념으로 이해된다. 관광활동을 위해서 관광객은 유형적 또는 무형적인 관광상품을 지속적으로 경험하게 된다. 따라서 관광상품의 개념과 특성을 알아보고, 관광상품의 효과적인 전달과 지속가능성 확보를 도모하도록 한다.

제1절 관광상품의 개념

1. 상품의 개념

상품(商品)은 사전적으로 "사고파는 물건"으로 나타나고, 경제활동 측면에서는 "매매를 목적으로 하는 것"으로 정의된다(국립국어원 표준국어대사전, 2019). 즉, 상품은 사용 또는 교환 가치를 갖고 거래의 대상이 되는 것으로 물품(commodity)이라는 의미와 상거래의 대상(merchandise)이라는 의미를 포함된다(한국상품학회, 2018).

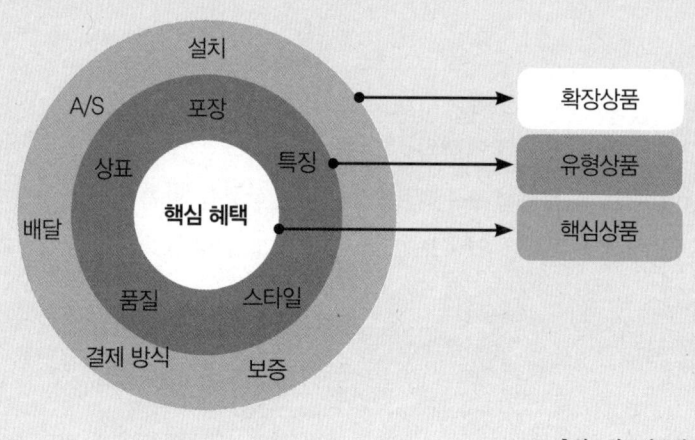

상품의 구성 요소

- 상품은 물리적이며 유형적인 부분과 동시에 무형적인 부분을 포함하고 있다. 또한 상품은 핵심상품, 유형상품, 확장상품으로 구성된다.
- 핵심상품은 본질적인 상품을 의미하며, 항공상품에서 저비용항공(LCC)은 실용적인 가격의 이동을 의미하고, 비즈니스 및 퍼스트클래스 승객의 경우는 편안한 이동이 핵심상품일 수 있다.
- 유형상품은 핵심상품의 구체화를 의미하며, 항공기의 경우 객실 내 항공기 좌석, 편의시설이 포함될 수 있다. 호텔의 경우는 객실 및 호텔의 인테리어와 같은 부분이 포함된다.
- 확장상품은 상품의 가치를 확대해 주는 부분으로 이해할 수 있다. 확장상품은 기술의 발전, 소비자의 경험 확대와 같은 상황에서 차별화된 경쟁력을 확보하기 위한 부분으로 나타나고 있다.

출처 : 한국상품학회(2018 : 26).

2. 관광상품의 개념

상품은 형태를 갖고 있는 유형상품과 형태가 없는 무형상품으로 구분된다. 관광상품은 일반적으로 무형적 특성이 강한 상품으로 검토되고 있으나, 무형성과 유형적인 부분을 모두 포함하는 형태로 구성되어 있다. 〈표 10-1〉은 선행연구에서 검토된 관광상품의 개념을 정리한 것이다. 관광상품은 상품이 갖고 있는 개념적 정의와 연계해서, 관광상품이 갖고 있는 구성요소 및 특성을 포함해 정의되고 있다.

〈표 10-1〉 관광상품의 개념

연구자	내용
김성혁(1994)	관광상품은 관광에 관련된 제품과 서비스가 결합되어 이루어진 상품을 의미
최태광(1995)	관광객이 자기의 여행을 위해서 그리고 자기의 체재 중 여행지에서 택하고 소비하는 물질적인 제품 및 서비스 상품의 결합
이광희·김영준(1999)	관광객의 욕구를 유발하거나 충족시켜 줄 관광 대상을 바탕으로 서비스를 제공하는 유·무형의 복합적인 상품
박근수(2005)	관광객의 욕구 충족 대상이 되고, 관광행동을 만족시킬 수 있는 유·무형의 모든 시설·대상·서비스 등이 복합적으로 결합되며, 시간적·공간적·기능적으로 적절히 구성되어 판매 가능한 모든 재화와 서비스
이미혜(2009)	관광객의 욕구를 충족시켜 주는 유·무형의 속성을 지녔으며, 관광활동상 구매가치가 있는 매력 있는 경제적 재화와 서비스의 결합물
한국상품학회(2018)	관광객의 욕구 충족을 위해 제공되는 관광활동과 관련된 유·무형의 복합상품
Holloway & Plant(1992)	관광지, 각종 관광 서비스, 관광 관련 유형상품 등을 포함하는 복합체
UNWTO	관광지(tourism destinations), 숙박시설(accommodations), 교통 수단(means of transport), 시설(supplementary), 서비스(services)와 관광 매력성(attraction)이 결합된 공급물
한국관광공사	광의의 관광상품은 관광업계가 생산하는 일체의 재화와 서비스이고, 협의의 관광상품은 여행상품과 관광에 유관되는 일체의 서비스이다. 또한 관광사업자가 관광자원을 바탕으로 판매할 것을 전제로 상품화한 것

제2절 관광상품의 특성

관광상품은 관광객의 관광활동과 관련된 상품으로서 형태적으로는 유·무형적인 특성을 모두 포함하고 있으나, 무형성이 강한 상품으로 나타나고 있다. 또한 관광상품은 다양한 구성 요소가 결합해 관광객의 욕구를 충족시킬 수 있는 부분이 강조되었다.

관광상품은 서비스 상품의 특성인 무형성(intangibility), 동질성(parity), 생산과 소비의 동시성(simultaneity of production and consumption), 소멸성(perishability)과 더불어 계절성(seasonality), 독창성(originality), 보완성(complementarity), 효용의 주관성(subjectiveness of utility)과 같은 독특한 특성이 포함되는 것으로 검토되고 있다(최태광, 1995; 김성혁, 1998; 김성용, 2006; 이미혜, 2009; 한국상품학회, 2011; 한혜숙·유명희·윤병국, 2016).

재화와 서비스

- 재화와 서비스는 많은 차이가 존재하며, 이와 같은 특징으로 인해 각 영역에서는 차별화된 관리가 필요하다.
- 재화는 유형성, 표준, 생산과 소비의 분리성, 비소멸적인 성격이 강하고, 서비스의 경우는 무형성, 이질성, 생산과 소비의 동시성, 소멸성이 강한 것으로 나타난다(Zeithaml, Bitner, & Gremler, 2013).

재화	서비스	관리적 의미
유형	무형	- 서비스 상품은 저장할 수 없다. - 서비스 상품은 특허를 내기 쉽지 않다. - 서비스 상품은 쉽게 전시되거나 제공하기 어렵다. - 서비스 상품은 가격 책정이 어렵다.
표준	이질	- 서비스 제공과 고객만족은 종업원 행위에 좌우한다. - 서비스 품질은 많은 통제 불가능한 요인이 존재한다. - 고객에게 제공된 서비스가 계획되거나 촉진된 것과 일치하는지를 확신하기 어렵다.
생산과 소비 분리	생산과 소비가 동시	- 고객이 서비스 제공 과정에 참여하거나 영향을 미친다. - 종업원이 서비스 만족에 영향을 미친다. - 분업이 필수적이다. - 대량생산이 어렵다.
비소멸	소멸	- 수요와 공급을 제때에 맞추기가 어렵다. - 서비스 상품은 반품이 불가능하다.

출처 : Parasuraman, Zeithaml, & Berry(1985: 41-50).

1. 무형성

관광상품은 서비스 상품과 같이 무형적인 특성이 강한 것으로 알려져 있다. 관광상품은 관광객의 경험을 통해 상품의 가치를 파악할 수 있으며, 상품의 평가를 진행할 수 있는 특성을 포함하고 있다. 즉, 관광상품은 유형적인 부분(항공기의 좌석, 호텔의 시설 등)이 포함되지만, 유형적 요소 자체가 관광객이 추구하는 목적은 아니다. 관광객은 관광을 통해 즐거움, 편안함, 여유, 흥미와 같은 무형적 차원의 혜택을 얻기 위해 비용을 지불하는 것이다.

관광상품은 상품을 경험하기 이전에는 상품의 특성을 파악하기 어려운 특성을 갖고 있다. 따라서 상품의 관리 및 마케팅 차원에서 상품의 실체성을 강조하기 위한 노력이 중요하고, 상품의 판매 및 이미지 관리에서 구전(口傳) 효과의 중요성이 강조되고 있다.

2. 동질성

관광활동 중 제공되는 다양한 관광상품의 구성 요소는 본질적으로 유사한 성격을 포함하고 있다. 즉, 호텔에서 제공되는 객실, 식음료, 항공사에서 제공하는 탑승객의 이동, 좌석, 기내 서비스, 여행사에서 제공하는 여행상품, 여행안내 서비스는 동종 기업에서 유사한 형태로 제공된다.

관광상품이 포함하고 있는 동질성 요인은 기업 간의 경쟁을 유발하고, 각각의 기업이 차별화되는 마케팅 전략을 도출하도록 자극하는 요소로 이해할 수 있다. 따라서 오늘날의 관광기업은 소비자의 다양한 요구를 충족시키고, 기업 간의 경쟁에서 우위를 차지하기 위해 다양한 차별화 요소를 강조하고 있다.

3. 생산과 소비의 동시성

관광상품은 생산과 소비가 동시에 이루어지는 특성이 있다. 일반적인 상품은 생산, 유통을 통해 소비자에게 상품이 이동하는 경로를 갖고 있다. 반면, 관광상품과 같은 서비스 상품의 경우 생산과 동시에 소비로 이어지는 특성이 나타나고 있다.

구분	생산과 소비 형태	비고
재화	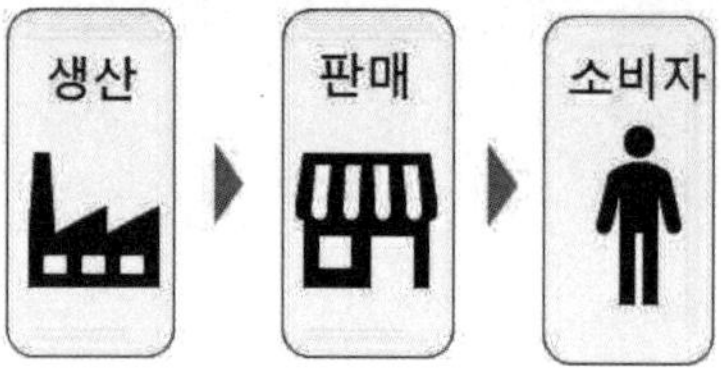 생산 → 판매 → 소비자	생산, 소비가 분리되어 있다. 소비자가 생산 과정에 참여하기 어렵다.
서비스 (관광상품)	 소비자 → 호텔 ← 제공자	생산, 소비가 동시에 일어난다. 생산자와 소비자가 연계되며, 생산 과정에 소비자가 영향을 미친다.

[그림 10-1] 생산과 소비의 동시성

우리가 호텔을 이용할 경우 호텔이라는 공간에서 서비스가 제공됨과 동시에 사용되며, 관광버스 또는 항공기와 같은 이동 수단의 경우도 이동하는 동안 서비스의 제공과 사용이 동시에 일어난다. 이와 같은 특성으로 인해 관광상품 또는 서비스 상품은 공급자와 소비자 간의 밀접한 관계가 형성되며, 서비스 제공자의 서비스 품질이 중요한 요소로 나타난다.

4. 소멸성

재화와 같은 일반적인 상품은 생산 이후 판매가 어려운 경우 재고가 되고, 이후 다양한 상품 관리전략에 의해 재고상품을 처리하게 된다. 반면, 관광상품의 경우 판매와 소비가 동시에 일어나는 특성을 갖고 있다. 이와 같은 특성으로 인해 관광상품은 저장이 어렵고(비저장성), 소비되지 않을 경우 소멸되는 특성이 있다.

스마트폰 및 승용차와 같은 재화의 경우 물건의 판매가 이루어지지 못한 경우에도 상품은 재고로 남아 있다. 그러나 호텔의 객실, 항공기 및 유람선 좌석은 관광객이 이용하지 않을 경우 자연적으로 소멸되며, 다음 기회에 활용하기 위한 저장이 불가능하다.

5. 계절성

관광상품은 관광객의 다양한 활동과 참여가 중심이 되는 상품이다. 특히, 관광객의 활동과 관련되어 기상, 기후와 같은 자연적 요소인 계절에 많은 영향을 받는다. 관광객의 활동과 관련된 기후에 따라 관광상품은 성수기(on-season)와 비수기(off-season)로 나뉜다. 일반적으로 성수기는 관광활동이 증가하는 기간이며, 비수기는 관광활동이 감소하는 시기이다.

예를 들어 해양 리조트는 다양한 레저활동을 즐길 수 있는 여름철이 성수기가 될 수 있으며, 스키 리조트는 겨울철이 성수기가 될 것이다. 관광 관련 기업 및 기관에서는 효과적으로 비수기를 극복하기 위한 다양한 노력을 진행하고 있다.

지역의 비수기를 극복하기 위한 축제 활용 전략

- 강원도 인제군은 1998년 지역관광 활성화를 위해 인제빙어축제를 개최했다. 강원도 인제군 지역은 지역의 자연환경(날씨, 수자원, 동물)과 문화자원을 연계해 차별화된 관광 콘텐츠를 개발했다.
- 기존의 지역축제는 대부분 봄 또는 가을과 같은 야외활동이 유리한 계절에 축제가 진행되었는데, 인제군은 겨울철 축제를 개최해 지역의 관광 비수기를 성수기로 변화시키는 사례를 도출했다.

 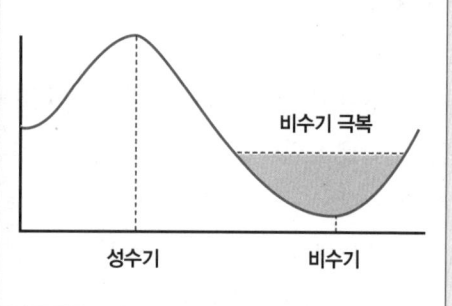

출처 : http://www.injefestival.co.kr, 한국상품학회(2018: 366).

6. 독창성

관광상품은 다른 상품과 구별되는 독창성이 중요한 부분으로 인식된다. 이와 같은 이유는 관광상품이 갖고 있는 동질성을 극복함과 동시에 경쟁 기업과 차별성을 확보할 수 있기 때문이다. 관광상품의 독창성은 특정한 국가, 지역, 관광상품만이 갖는 독특한 특성으로서 관광활동을 유발하고, 촉진하는 요소로 이해할 수 있다.

7. 보완성

관광상품은 다양한 구성 요소가 조합해 구성된 복합적인 상품이다. 관광활동은 이동, 숙박, 식사, 여가활동, 쇼핑과 같은 다양한 활동으로 구성된다. 이와 같은 과정에서 관광객은

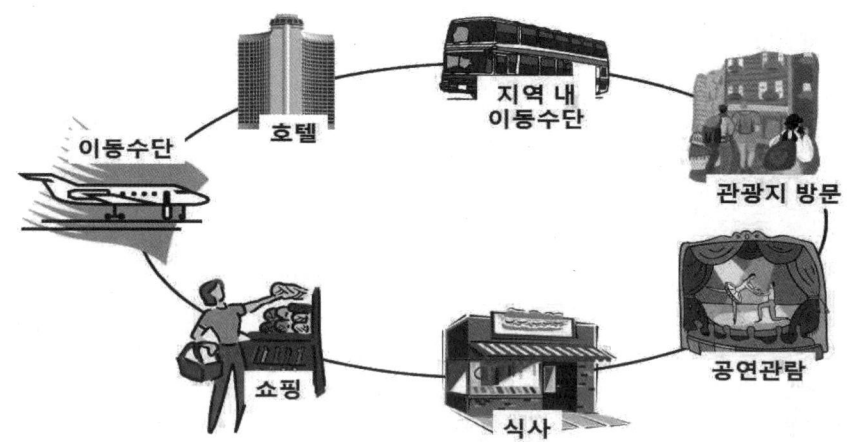

출처 : 한국상품학회(2018: 358).

[그림 10-2] 관광상품의 보완성

다양한 상품을 구매하고 경험하게 된다. 즉, 관광활동은 다양한 상품이 별도로 존재하나, 서로 밀접한 관계를 갖고 있는 것으로 이해할 수 있다.

8. 효용의 주관성

관광객의 관광 동기, 인지, 학습, 자아 개념, 준거집단과 같은 다양한 요인과 더불어 관광객이 소속된 경제·사회·문화적인 차원은 관광활동에 대한 효용 또는 평가에 커다란 영향을 준다. 따라서 동일한 관광상품을 경험한 관광객에게서도 관광의 효용을 개인적으로 차이를 보일 수 있다.

관광상품에 대한 효용의 주관성으로 인해 관광시장은 관광객의 특성에 따른 세분화된 시장이 요구되고 있다. 또한 관광상품의 효과적인 개발 및 운영을 위해 지속적인 마케팅 조사와 환류의 중요성이 강조되고 있다.

토론 과제

1. 상품의 개념에 대해 논의해 보시오.

2. 관광상품이 개념에 대해 논의해 보시오.

3. 재화와 서비스의 차이에 대해 설명해 보시오.

4. 관광상품의 특성에 대해 설명해 보시오.

5. 관광상품의 계절성과 관련된 사례를 검토하고 논의해 보시오.

6. 관광상품의 보완성에 대해 설명해 보시오.

제11장 관광사업

관광사업은 관광활동과 관계된 사업을 포괄하는 개념으로 관광행위를 지원하고, 촉진하는 활동이 포함된 개념으로 이해할 수 있다. 또한 관광사업은 관광객의 다양한 관광활동과 관련되어 범위가 광범위하며, 복합성, 입지의존성, 변동성, 공익성과 영리성 동시 추구, 서비스적인 측면과 같은 특성을 포함한다. 관광사업에 참여하는 기업 또는 기관은 사회·문화 및 경제적인 차원의 발전을 도모하는 역할을 수행한다. 따라서 관광사업은 제도적인 측면에서도 접근이 이루어지고 있으며, 지속적으로도 그 중요성이 강조되고 있다.

제1절 관광사업의 개념 및 특성

1. 관광사업의 개념

관광은 인간의 이동과 높은 관련성을 갖고 있다. 이와 같은 차원에서 일본의 오다니 다쓰오(小谷達南)는 운송, 숙박, 조직과 같은 관광사업 분야와 현상을 종합해서 자연발생적 관광사업, 매개 서비스적 관광사업, 개발·조직적 관광사업으로 구분해 개념화하고 있다. 자연발생적 관광사업 단계는 고대로부터 19세기 중엽까지의 시기로 관광객의 증가에 따라 자연발생적으로 관련 사업을 운영하는 시기로 정의했다. 매개 서비스적 관광사업 단계는 19세기 중엽부터 제2차 세계대전 종료까지의 시기로 교통, 여행, 숙박업이 관광산업의 핵심적인 위치를 차지하고, 적극적인 서비스를 제공해 관광 이동의 촉진을 도모하는 시기로 구분했다. 마지막 개발·조직적 관광사업 단계는 제2차 세계대전 이후 시기로 적극적인 관광 수요의 개발과 관광 대중화가 정착되는 시기로 나타나고 있다(강덕윤·류기환·이병연, 2012).

관광사업은 인간의 관광활동과 연계된 사업을 포괄하는 개념으로 이해할 수 있으며, 관광사업의 개념은 두 가지 차원으로 접근이 가능하다. 첫째, 거시적인 차원에서의 관광사업은 국가와 지방자치단체 차원에서 특정한 목적을 갖고 다양한 투자활동과 연계해 특정 지역에서 진행되는 종합적인 사업으로 나타날 수 있다. 둘째, 미시적인 차원에서의 관광사업으로 관광행위와 연계해 각각의 기관 또는 기업이 진행하는 개별적인 경영활동을 중심으로 접근할 수 있다. 즉, 관광사업에 대한 개념적 접근에서 관광행위를 지원하고, 촉진하는 활동이 포함되는 것으로 나타나고 있다. 또한 관광사업을 통해 기업 또는 기관은 사회·문화 및 경제적인 차원의 발전을 도모할 수 있다.

관광사업은 다양한 관점에서 개념화되었다. 우리나라는 「관광진흥법」 제2조에서 관광사업에 대해 "관광객을 위하여 운송·숙박·오락·휴양 또는 용역을 제공하거나 그 밖에 관광에 딸린 시설을 갖추어 이를 이용하게 하는 업(業)"으로 정의하고 있다.

〈표 11-1〉 관광사업의 정의

연구자	내용
글뤽스만(R. Glücksmann)	일시적 체재지에서 외래자와 그 지역 사람들과 모든 관계의 총체
브록하우스(Der F. Brockhaus)	관광자의 욕구 충족을 위해 서비스를 제공하는 모든 영업의 총체
井上万素藏	관광객의 욕구에 대응해서 이를 수용하고 촉진하기 위해 이루어지는 모든 인간의 활동
田中喜一	관광 왕래를 유발하는 각종 요소에 대해 조화적 발달을 도모함과 동시에 일반적 이용을 촉진함으로써 경제적·사회적 효과를 기대하려는 조직활동

출처 : 김용상·정석중 외(1997: 320)를 참고해 작성.

2. 관광사업의 특성

관광사업은 다양한 업종이 서로 긴밀하게 연계되어 있으며, 사업을 운영하는 주체도 다양하다. 특히, 관광사업의 운영에서는 관광객의 활동과 관계되어 서비스가 제공되는 입지의 중요성과 다양한 변동 요소가 포함될 수 있다. 관광사업은 다양한 파급 효과를 목적으로 운영되며, 운영 목적 측면에서 공익성과 기업 차원의 목적을 동시에 포함한다(양영근, 2007: 80-82; 최기종, 2014: 323).

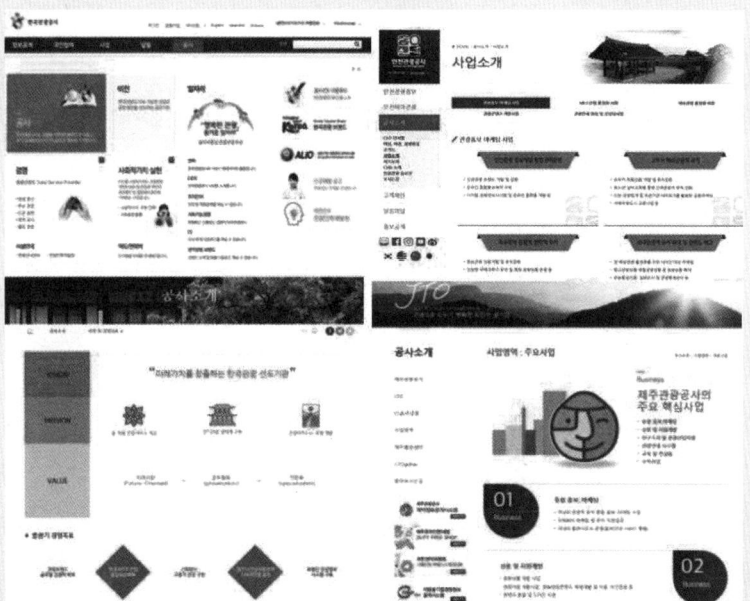

공공 차원의 관광 개발

- 우리나라는 관광사업의 활성화를 위해 한국관광공사를 비롯해 자치단체 차원에서도 관광 관련 공공기관을 운영하고 있다.
- 아래의 사례는 한국관광공사, 인천관광공사, 경기관광공사, 제주관광공사의 사이트를 보여 준다.

출처 : http://kto.visitkorea.or.kr, http://www.travelicn.or.kr, http://gto.or.kr, https://ijto.or.kr

1) 복합성

관광사업은 운영 주체 및 내용적 차원에서 복합성을 갖고 있다. 관광사업의 운영은 정부, 자치단체, 공공기관과 같은 공공과 민간기업이 함께 참여한다. 공공 영역은 관광사업의 개발과 추진에서 기반시설의 구축, 공공시설의 유지 및 관리에 참여한다. 민간기업은 관광사업의 추진에서 관광객에게 숙박 및 다양한 서비스를 제공하는 사업 운영에 참여한다.

관광사업은 사업의 내용 측면에서도 복합성을 띠고 있다. 관광사업은 관광객의 이동 및 여행과 관련해 교통, 숙박 및 관광객 대상의 다양한 서비스 제공 사업이 복합적으로 연계되어 있다.

2) 입지의존성

관광사업은 관광객의 이용 또는 체험이 중요한 부분으로 나타난다. 즉, 서비스 상품의 대표적인 특성 중 하나인 생산과 소비의 동시성과 같은 요인으로 인해 관광사업의 입지 요인은 관광사업의 경쟁력 확보에서 중요한 사항이다. 관광사업에서 입지 의존성은 관광지가 갖는 매력성, 기후, 관광 인프라와 같은 다양한 요소와 관련되어 중요한 요소로 나타난다.

3) 변동성

관광은 관광객의 이동과 현지에서 다양한 활동이 중요한 사항이다. 따라서 관광객은 관광 목적지의 환경에 깊은 관심을 갖고, 관광활동의 준비와 진행 과정에서 다양한 환경의 변화에 주의를 기울인다. 관광객이 관심을 갖는 변동 요인은 다음과 같다.

첫째, 사회적인 요인으로 정치 불안, 폭동, 질병과 같은 요소가 있다. 둘째, 경제적인 요인으로 경제 불황, 소득 및 환율 변화, 국가의 경제정책과 같은 요소가 있다. 셋째, 환경적인 요인으로는 계절성과 관련된 기후 요인이 있다.

4) 공익성과 영리성을 동시에 추구

관광은 관광객에게 관광 욕구의 충족과 더불어 새로운 것을 창출할 수 있는 기회를 제공하고, 관광사업이 진행되는 지역사회에도 다양한 파급 효과를 나타낸다. 따라서 관광사업의 수행에는 공공과 민간의 다양한 노력이 집중된다.

관광사업을 통한 다양한 효과는 사회·문화적인 측면, 경제적인 측면, 환경적인 측면과 같은 다양한 측면에서 나타난다.

〈표 11-2〉 관광사업의 효과

긍정적 효과	구분	부정적 효과
소득 증대, 고용 증대, 세수 확대, 지역산업 진흥, 지역경제 활성화, 외부 투자	경제적 측면	물가 상승, 지가 상승, 생활비 상승, 경제 수익 누출
문화 우수성 홍보, 문화유산 보전관리, 주민 자긍심 증대, 문화교류, 교육 여건 개선, 지역사회 구조 강화	사회·문화적 측면	범죄 증가, 혼잡에 의한 생활 불편, 지역의식 붕괴, 전통문화 상실, 방문객과의 갈등
도로망 확충, 미관 개선, 지역환경 개선, 도시 성장 가속화, 쇼핑시설 증가	물리·환경적 측면	쾌적성 상실, 환경 악화, 생태계 파괴, 지역의 과밀 혼잡
지역 이미지 개선, 여가환경 개선, 숙박시설 증가, 행사 및 전시회 증가, 지역 인지도 향상	관광 개발 측면	지역의 기존 이미지 상실

출처 : 임명재·송두범(2006: 105).

5) 서비스성

관광사업은 대표적인 서비스사업으로 이해된다. 관광사업 대부분이 재화를 생산하는 차원보다는 관광객을 대상으로 특정한 서비스를 제공하는 부분이 중심을 이룬다. 즉, 관광사업은 관광객을 대상으로 서비스를 제공하고, 관광객은 제공받은 서비스를 중심으로 관광사업 전반을 평가하게 된다.

따라서 관광사업의 성공을 위해서는 관광사업 종사자의 서비스 마인드 및 역량 강화를 위한 다각적인 노력이 필요하다. 또한 관광사업 종사자 이외의 지역 또는 국민 차원의 관광사업의 중요성 인식과 더불어 서비스 마인드의 함양이 중요한 요소로 나타난다.

제2절 관광사업의 분류

관광사업의 분류는 제도를 중심으로 다양한 사업을 검토할 수 있다. 우리나라의 경우 관광진흥법을 기준으로 관광사업을 분류할 수 있다.

❖ **관광진흥법 제3조(관광사업의 종류)**

제3조(관광사업의 종류) ①관광사업의 종류는 다음 각 호와 같다.〈개정 2007. 7. 19., 2015. 2. 3.〉
1. 여행업 : 여행자 또는 운송시설·숙박시설, 그 밖에 여행에 딸리는 시설의 경영자 등을 위하여 그 시설 이용 알선이나 계약 체결의 대리, 여행에 관한 안내, 그 밖의 여행 편의를 제공하는 업

2. 관광숙박업 : 다음 각 목에서 규정하는 업
가. 호텔업 : 관광객의 숙박에 적합한 시설을 갖추어 이를 관광객에게 제공하거나 숙박에 딸리는 음식·운동·오락·휴양·공연 또는 연수에 적합한 시설 등을 함께 갖추어 이를 이용하게 하는 업
나. 휴양 콘도미니엄업 : 관광객의 숙박과 취사에 적합한 시설을 갖추어 이를 그 시설의 회원이나 공유자, 그 밖의 관광객에게 제공하거나 숙박에 딸리는 음식·운동·오락·휴양·공연 또는 연수에 적합한 시설 등을 함께 갖추어 이를 이용하게 하는 업

3. 관광객 이용시설업 : 다음 각 목에서 규정하는 업
가. 관광객을 위하여 음식·운동·오락·휴양·문화·예술 또는 레저 등에 적합한 시설을 갖추어 이를 관광객에게 이용하게 하는 업
나. 대통령령으로 정하는 2종 이상의 시설과 관광숙박업의 시설(이하 "관광숙박시설"이라 한다) 등을 함께 갖추어 이를 회원이나 그 밖의 관광객에게 이용하게 하는 업
다. 야영장업: 야영에 적합한 시설 및 설비 등을 갖추고 야영 편의를 제공하는 시설(「청소년활동 진흥법」 제10조 제1호 마목에 따른 청소년야영장은 제외한다)을 관광객에게 이용하게 하는 업

4. 국제회의업 : 대규모 관광 수요를 유발하는 국제회의(세미나·토론회·전시회 등을 포함한다. 이하 같다)를 개최할 수 있는 시설을 설치·운영하거나 국제회의의 계획·준비·진행 등의 업무를 위탁받아 대행하는 업

5. 카지노업 : 전문 영업장을 갖추고 주사위·트럼프·슬롯머신 등 특정한 기구 등을 이용하여 우연의 결과에 따라 특정인에게 재산상의 이익을 주고 다른 참가자에게 손실을 주는 행위 등을 하는 업

6. 유원시설업(遊園施設業) : 유기시설(遊技施設)이나 유기기구(遊技機具)를 갖추어 이를 관광객에게 이용하게 하는 업(다른 영업을 경영하면서 관광객의 유치 또는 광고 등을 목적으로 유기시설이나 유기기구를 설치하여 이를 이용하게 하는 경우를 포함한다)

7. 관광 편의시설업 : 제1호부터 제6호까지의 규정에 따른 관광사업 외에 관광 진흥에 이바지할 수 있다고 인정되는 사업이나 시설 등을 운영하는 업
②제1항 제1호부터 제4호까지, 제6호 및 제7호에 따른 관광사업은 대통령령으로 정하는 바에 따라 세분할 수 있다.

1. 여행업

관광진흥법에서 여행업은 "여행자 또는 운송시설·숙박시설, 그 밖에 여행에 딸리는 시설의 경영자 등을 위하여 그 시설 이용 알선이나 계약 체결의 대리, 여행에 관한 안내, 그 밖의 여행 편의를 제공하는 업"을 의미한다.

관광진흥법 시행령에서는 여행업의 사업 범위를 중심으로 일반여행업, 국외여행업, 국내여

행업으로 구분해 접근하고 있다. 일반여행업은 국내외를 여행하는 내국인 및 외국인을 대상으로 하는 여행업을 의미한다. 국외여행업은 국외를 여행하는 내국인을 대상으로 하는 여행업으로 구분하고, 국내여행업은 국내를 여행하는 내국인을 대상으로 하는 여행업을 의미한다.

2. 관광숙박업

관광진흥법에서 숙박업은 호텔업과 휴양콘도미니엄업으로 구분되어 개념화된다. 호텔업은 "관광객의 숙박에 적합한 시설을 갖추어 이를 관광객에게 제공하거나 숙박에 딸리는 음식 · 운동 · 오락 · 휴양 · 공연 또는 연수에 적합한 시설 등을 함께 갖추어 이를 이용하게 하는 업"으로 나타난다. 또한 휴양콘도미니엄업은 "관광객의 숙박과 취사에 적합한 시설을 갖추어 이를 그 시설의 회원이나 공유자, 그 밖의 관광객에게 제공하거나 숙박에 딸리는 음식 · 운동 · 오락 · 휴양 · 공연 또는 연수에 적합한 시설 등을 함께 갖추어 이를 이용하게 하는 업"을 의미한다.

〈표 11-3〉 호텔업의 종류

구분	내용(관광진흥법시행령)
관광호텔업	관광객의 숙박에 적합한 시설을 갖추어 관광객에게 이용하게 하고 숙박에 딸린 음식 · 운동 · 오락 · 휴양 · 공연 또는 연수에 적합한 시설 등(이하 "부대시설"이라 한다)을 함께 갖추어 관광객에게 이용하게 하는 업
수상관광호텔업	수상에 구조물 또는 선박을 고정하거나 매어 놓고 관광객의 숙박에 적합한 시설을 갖추거나 부대시설을 함께 갖추어 관광객에게 이용하게 하는 업
한국전통호텔업	한국 전통의 건축물에 관광객의 숙박에 적합한 시설을 갖추거나 부대시설을 함께 갖추어 관광객에게 이용하게 하는 업
가족호텔업	가족 단위 관광객의 숙박에 적합한 시설 및 취사도구를 갖추어 관광객에게 이용하게 하거나 숙박에 딸린 음식 · 운동 · 휴양 또는 연수에 적합한 시설을 함께 갖추어 관광객에게 이용하게 하는 업
호스텔업	가족 단위 관광객의 숙박에 적합한 시설 및 취사도구를 갖추어 관광객에게 이용하게 하거나 숙박에 딸린 음식 · 운동 · 휴양 또는 연수에 적합한 시설을 함께 갖추어 관광객에게 이용하게 하는 업
소형 호텔업	관광객의 숙박에 적합한 시설을 소규모로 갖추고 숙박에 딸린 음식 · 운동 · 휴양 또는 연수에 적합한 시설을 함께 갖추어 관광객에게 이용하게 하는 업
의료관광호텔업	의료관광객의 숙박에 적합한 시설 및 취사도구를 갖추거나 숙박에 딸린 음식 · 운동 또는 휴양에 적합한 시설을 함께 갖추어 주로 외국인 관광객에게 이용하게 하는 업

3. 관광객이용시설업

관광진흥법에서 관광객이용시설업은 "관광객을 위하여 음식 · 운동 · 오락 · 휴양 · 문화 · 예술 또는 레저 등에 적합한 시설을 갖추어 이를 관광객에게 이용하게 하는 업으로 대통령령으로 정하는 2종 이상의 시설과 관광숙박업의 시설 등을 함께 갖추어 이를 회원이나 그 밖의 관광객에게 이용하게 하는 업"을 의미한다. 관광객이용시설업은 전문휴양업, 종합휴양업, 야영장업, 관광유람선업, 관광공연장업, 외국인 관광 도시민박업이 포함된다.

〈표 11-4〉 관광객이용시설업의 종류

구분		내용(관광진흥법시행령)
전문휴양업		관광객의 휴양이나 여가 선용을 위하여 숙박업 시설(「공중위생관리법 시행령」 제2조 제1항 제1호 및 제2호의 시설을 포함하며, 이하 "숙박시설"이라 한다)이나 「식품위생법 시행령」 제21조 제8호 가목 · 나목 또는 바목에 따른 휴게음식점 영업, 일반음식점 영업 또는 제과점 영업의 신고에 필요한 시설(이하 "음식점시설"이라 한다)을 갖추고 별표 1 제4호 가목(2)(가)부터 (거)까지의 규정에 따른 시설(이하 "전문휴양시설"이라 한다) 중 한 종류의 시설을 갖추어 관광객에게 이용하게 하는 업
종합휴양업	제1종 종합휴양업	관광객의 휴양이나 여가 선용을 위하여 숙박시설 또는 음식점 시설을 갖추고 전문휴양시설 중 두 종류 이상의 시설을 갖추어 관광객에게 이용하게 하는 업이나, 숙박시설 또는 음식점 시설을 갖추고 전문휴양시설 중 한 종류 이상의 시설과 종합유원시설업의 시설을 갖추어 관광객에게 이용하게 하는 업
	제2종 종합휴양업	관광객의 휴양이나 여가 선용을 위하여 관광숙박업의 등록에 필요한 시설과 제1종 종합휴양업의 등록에 필요한 전문휴양시설 중 두 종류 이상의 시설 또는 전문휴양시설 중 한 종류 이상의 시설 및 종합유원시설업의 시설을 함께 갖추어 관광객에게 이용하게 하는 업
야영장업	일반 야영장업	야영장비 등을 설치할 수 있는 공간을 갖추고 야영에 적합한 시설을 함께 갖추어 관광객에게 이용하게 하는 업
	자동차 야영장업	자동차를 주차하고 그 옆에 야영장비 등을 설치할 수 있는 공간을 갖추고 취사 등에 적합한 시설을 함께 갖추어 자동차를 이용하는 관광객에게 이용하게 하는 업
관광 유람선업	일반관광 유람선업	「해운법」에 따른 해상여객운송사업의 면허를 받은 자나 「유선 및 도선사업법」에 따른 유선사업의 면허를 받거나 신고한 자가 선박을 이용하여 관광객에게 관광을 할 수 있도록 하는 업
	크루즈업	「해운법」에 따른 순항(順航) 여객운송사업이나 복합 해상여객운송사업의 면허를 받은 자가 해당 선박 안에 숙박시설, 위락시설 등 편의시설을 갖춘 선박을 이용하여 관광객에게 관광을 할 수 있도록 하는 업
관광공연장업		관광객을 위하여 적합한 공연시설을 갖추고 공연물을 공연하면서 관광객에게 식사와 주류를 판매하는 업
외국인 관광 도시민박업		「국토의 계획 및 이용에 관한 법률」 제6조 제1호에 따른 도시지역(「농어촌정비법」에 따른 농어촌지역 및 준농어촌지역은 제외한다. 이하 이 조에서 같다)의 주민이 자신이 거주하고 있는 다음의 어느 하나에 해당하는 주택을 이용하여 외국인 관광객에게 한국의 가정문화를 체험할 수 있도록 적합한 시설을 갖추고 숙식 등을 제공(도시지역에서 「도시재생 활성화 및 지원에 관한 특별법」 제2조 제6호에 따른 도시재생활성화계획에 따라 같은 조 제9호에 따른 마을기업이 외국인 관광객에게 우선하여 숙식 등을 제공하면서, 외국인 관광객의 이용에 지장을 주지 아니하는 범위에서 해당 지역을 방문하는 내국인 관광객에게 그 지역의 특성화된 문화를 체험할 수 있도록 숙식 등을 제공하는 것을 포함한다)하는 업

4. 국제회의업

관광진흥법에서 국제회의업은 "대규모 관광 수요를 유발하는 국제회의(세미나·토론회·전시회 등을 포함한다.)를 개최할 수 있는 시설을 설치·운영하거나 국제회의의 계획·준비·진행 등의 업무를 위탁받아 대행하는 업"으로 개념화된다. 국제회의업은 국제회의시설업(대규모 관광 수요를 유발하는 국제회의를 개최할 수 있는 시설을 설치해 운영하는 업)과 국제회의기획업(대규모 관광 수요를 유발하는 국제회의의 계획·준비·진행 등의 업무를 위탁받아 대행하는 업)으로 세분화된다.

우리나라 국제회의 현황

– 2017년 UIA 발표 결과, 한국은 전년과 동일하게 국제회의 개최 실적 세계 1위

순위	국가명	A+B Type	A+C Type	A Type
1	한국	1,297	1,404	1,105
2	벨기에	810	816	804
3	싱가포르	877	959	802
4	오스트리아	591	624	545
5	미국	575	577	536
6	일본	523	557	425
7	스페인	440	474	379
8	독일	374	384	343
9	프랑스	422	465	337
10	태국	312	316	301

– 2017년 UIA 기준 한국 개최 건수는 1,297건으로서, 세계 개최 건수가 감소(△1.9%)했음에도 전년 대비 30.1% 증가함.

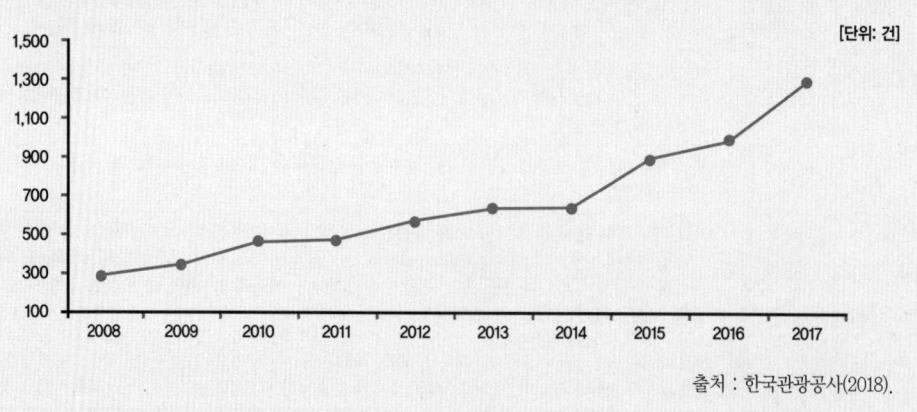

출처: 한국관광공사(2018).

5. 카지노업

관광진흥업에서 카지노업은 "전문 영업장을 갖추고 주사위·트럼프·슬롯머신 등 특정한 기구 등을 이용하여 우연의 결과에 따라 특정인에게 재산상의 이익을 주고 다른 참가자에게 손실을 주는 행위 등을 하는 업"으로 개념화된다. 관광진흥법에서는 카지노 이용 고객을 외국인 관광객을 대상으로 하고 있으나, 폐광지역 개발 지원에 관한 특별법을 통해 강원랜드가 내국인을 대상으로 운영 중이다.

6. 유원시설업

관광진흥법에서 유원시설업은 "유기시설(遊技施設)이나 유기기구(遊技機具)를 갖추어 이를 관광객에게 이용하게 하는 업"으로 개념화된다. 유원시설업은 종합유원시설업, 일반유원시설업, 기타 유원시설업으로 세분화된다.

〈표 11-5〉 유원시설업 종류

구분	내용(관광진흥법시행령)
종합유원시설업	유기시설이나 유기기구를 갖추어 관광객에게 이용하게 하는 업으로서, 대규모의 대지 또는 실내에서 법 제33조에 따른 안전성검사 대상 유기시설 또는 유기기구 여섯 종류 이상을 설치하여 운영하는 업
일반유원시설업	유기시설이나 유기기구를 갖추어 관광객에게 이용하게 하는 업으로서 법 제33조에 따른 안전성검사 대상 유기시설 또는 유기기구 한 종류 이상을 설치하여 운영하는 업
기타 유원시설업	유기시설이나 유기기구를 갖추어 관광객에게 이용하게 하는 업으로서 법 제33조에 따른 안전성검사 대상이 아닌 유기시설 또는 유기기구를 설치하여 운영하는 업

7. 관광편의시설업

관광진흥법에서 관광편의시설업은 "여행업, 관광숙박업, 관광객 이용시설업, 국제회의업, 카지노업 외에 관광 진흥에 이바지할 수 있다고 인정되는 사업이나 시설 등을 운영하는 업"

세계의 테마파크 운영 현황

– 2017년 세계 25대 테마파크 방문자 현황

TOP 25 AMUSEMENT/THEME PARKS WORLDWIDE

RANK	PARK, LOCATION	% CHANGE	ATTENDANCE 2017	ATTENDANCE 2016
1	MAGIC KINGDOM AT WALT DISNEY WORLD, LAKE BUENA VISTA, FL, U.S.	0.3%	20,450,000	20,395,000
2	DISNEYLAND, ANAHEIM, CA, U.S.	2.0%	18,300,000	17,943,000
3	TOKYO DISNEYLAND, TOKYO, JAPAN	0.4%	16,600,000	16,540,000
4	UNIVERSAL STUDIOS JAPAN, OSAKA, JAPAN	3.0%	14,935,000	14,500,000
5	TOKYO DISNEYSEA, TOKYO, JAPAN	0.3%	13,500,000	13,460,000
6	DISNEY'S ANIMAL KINGDOM AT WALT DISNEY WORLD, LAKE BUENA VISTA, FL, U.S.	15.3%	12,500,000	10,844,000
7	EPCOT AT WALT DISNEY WORLD, LAKE BUENA VISTA, FL	4.2%	12,200,000	11,712,000
8	SHANGHAI DISNEYLAND, SHANGHAI, CHINA	96.4%	11,000,000	5,600,000
9	DISNEY'S HOLLYWOOD STUDIOS AT WALT DISNEY WORLD, LAKE BUENA VISTA, FL, U.S.	-0.5%	10,722,000	10,776,000
10	UNIVERSAL STUDIOS AT UNIVERSAL ORLANDO, FL, U.S.	2.0%	10,198,000	9,998,000
11	CHIMELONG OCEAN KINGDOM, HENGQIN, CHINA	15.5%	9,788,000	8,474,000
12	DISNEYLAND PARK AT DISNEYLAND PARIS, MARNE-LA-VALLEE, FRANCE	15.0%	9,660,000	8,400,000
13	DISNEY CALIFORNIA ADVENTURE, ANAHEIM, CA, U.S.	3.0%	9,574,000	9,295,000
14	ISLANDS OF ADVENTURE AT UNIVERSAL ORLANDO, FL, U.S.	2.0%	9,549,000	9,362,000
15	UNIVERSAL STUDIOS HOLLYWOOD, UNIVERSAL CITY, CA, U.S.	12.0%	9,056,000	8,086,000
16	LOTTE WORLD, SEOUL, SOUTH KOREA	-17.6%	6,714,000	8,150,000
17	EVERLAND, GYEONGGI-DO, SOUTH KOREA	-9.5%	6,310,000	6,970,000
18	HONG KONG DISNEYLAND, HONG KONG SAR	1.6%	6,200,000	6,100,000
19	NAGASHIMA SPA LAND, KUWANA, JAPAN	1.4%	5,930,000	5,850,000
20	OCEAN PARK, HONG KONG SAR	-3.3%	5,800,000	5,994,000
21	EUROPA-PARK, RUST, GERMANY	1.8%	5,700,000	5,600,000
22	WALT DISNEY STUDIOS PARK AT DISNEYLAND PARIS, MARNE-LA-VALLEE, FRANCE	4.6%	5,200,000	4,970,000
23	DE EFTELING, KAATSHEUVEL, NETHERLANDS	8.7%	5,180,000	4,764,000
24	TIVOLI GARDENS, COPENHAGEN, DENMARK	0.0%	4,640,000	4,640,000
25	UNIVERSAL STUDIOS SINGAPORE, SINGAPORE	2.9%	4,220,000	4,100,000
	TOP 25 TOTAL ATTENDANCE 2017		243,926,000	232,525,000
	TOP 25 ATTENDANCE GROWTH 2016–17	4.7%	243,926,000	233,057,000

출처 : THEMED ENTERTAINMENT ASSOCIATION(2018), Theme Index Museum Index 2017.

으로 규정된다. 관광지편의시설업은 관광유흥음식점업, 관광극장유흥업, 외국인전용 유흥음식점업, 관광식당업, 관광순환버스업, 관광사진업, 여객자동차터미널시설업, 관광펜션업, 관광궤도업, 한옥체험업, 관광면세업으로 세분화된다.

<표 11-6> 관광편의시설업 종류

구분	내용(관광진흥법시행령)
관광유흥음식점업	식품위생 법령에 따른 유흥주점 영업의 허가를 받은 자가 관광객이 이용하기 적합한 한국 전통 분위기의 시설을 갖추어 그 시설을 이용하는 자에게 음식을 제공하고 노래와 춤을 감상하게 하거나 춤을 추게 하는 업
관광극장유흥업	식품위생 법령에 따른 유흥주점 영업의 허가를 받은 자가 관광객이 이용하기 적합한 무도(舞蹈)시설을 갖추어 그 시설을 이용하는 자에게 음식을 제공하고 노래와 춤을 감상하게 하거나 춤을 추게 하는 업
외국인전용 유흥음식점업	식품위생 법령에 따른 유흥주점 영업의 허가를 받은 자가 외국인이 이용하기 적합한 시설을 갖추어 외국인만을 대상으로 주류나 그 밖의 음식을 제공하고 노래와 춤을 감상하게 하거나 춤을 추게 하는 업
관광식당업	식품위생 법령에 따른 일반음식점 영업의 허가를 받은 자가 관광객이 이용하기 적합한 음식 제공시설을 갖추고 관광객에게 특정 국가의 음식을 전문적으로 제공하는 업
관광순환버스업	「여객자동차 운수사업법」에 따른 여객자동차운송사업의 면허를 받거나 등록을 한 자가 버스를 이용하여 관광객에게 시내와 그 주변 관광지를 정기적으로 순회하면서 관광할 수 있도록 하는 업
관광사진업	외국인 관광객과 동행하며 기념사진을 촬영하여 판매하는 업
여객자동차 터미널시설업	「여객자동차 운수사업법」에 따른 여객자동차터미널사업의 면허를 받은 자가 관광객이 이용하기 적합한 여객자동차터미널시설을 갖추고 이들에게 휴게시설·안내시설 등 편익시설을 제공하는 업
관광펜션업	숙박시설을 운영하고 있는 자가 자연·문화 체험 관광에 적합한 시설을 갖추어 관광객에게 이용하게 하는 업
관광궤도업	「궤도운송법」에 따른 궤도사업의 허가를 받은 자가 주변 관람과 운송에 적합한 시설을 갖추어 관광객에게 이용하게 하는 업
한옥체험업	한옥(주요 구조부가 목조구조로서 한식기와 등을 사용한 건축물 중 고유의 전통미를 간직하고 있는 건축물과 그 부속시설을 말한다)에 숙박 체험에 적합한 시설을 갖추어 관광객에게 이용하게 하거나, 숙박 체험에 딸린 식사 체험 등 그 밖의 전통문화 체험에 적합한 시설을 함께 갖추어 관광객에게 이용하게 하는 업
관광면세업	「관세법」 제196조에 따른 보세판매장의 특허를 받은 자, 「외국인관광객 등에 대한 부가가치세 및 개별소비세 특례규정」 제5조에 따라 면세판매장의 지정을 받은 자 중 어느 하나에 해당하는 자가 판매시설을 갖추고 관광객에게 면세물품을 판매하는 업

토론 과제

1. 관광사업의 개념에 대해 논의해 보시오.

2. 관광사업의 특성을 설명해 보시오.

3. 관광사업의 파급 효과 중 부정적인 영향을 줄일 수 있는 방안을 논의해 보시오.

4. 관광진흥법을 기준으로 관광사업을 분류해 보시오.

5. 우리나라 국제회의업의 현황에 대해 논의해 보시오.

6. 우리나라 테마파크의 현황과 미래 발전 방안에 대해 논의해 보시오.

7. 관광 관련 공공기관을 조사하고 기관의 주요업무에 대해 설명해 보시오.

제12장 마케팅

 기술의 발전으로 기업 간 경쟁이 심화되는 현 시점에서 우리는 다양한 마케팅 활동의 영향을 받고 있다. 마케팅은 기업이 고객의 욕구를 충족시키고 그에 따라 기업의 목적을 달성하는 활동으로 이해된다. 따라서 현대의 마케팅은 고객을 이해함과 동시에 고객이 원하는 상품을 제공하는 다양한 전략을 활용하게 된다. 특히, 관광상품은 무형성, 이질성, 생산과 소비의 동시성, 소멸성, 계절성 등의 다양한 특성을 갖고 있어 차별화된 마케팅 전략이 요구된다.

제1절 마케팅 개요

1. 마케팅의 발전

 기술의 발전으로 기업 간 경쟁이 심화되는 현재의 시대에서 우리는 다양한 마케팅 활동의 영향을 받고 있다. 마케팅은 기업이 고객의 욕구를 충족시키고, 그에 따라 기업의 목적을 달성하는 활동으로 이해된다. 따라서 현대의 마케팅은 고객을 이해함과 동시에 고객이 원하는 상품을 제공하기 위해 다양한 전략을 활용하게 된다.

현재 우리가 경험하고 있는 마케팅은 다양한 환경 및 기술 등의 변화로 지속적으로 발전해 왔다. 특히, 기존의 제조업 중심의 마케팅은 생산 지향기(Production-Orientation Era), 판매 지향기(Sales-Orientation Era), 마케팅 지향기(Marketing-Orientation Era), 사회적 마케팅 지향기(Social-Marketing-Orientation Era)와 같은 단계로 발전해 왔으며, 자세한 사항은 아래와 같다(Morison, 2002).

1) 생산 지향기

산업혁명을 중심으로 1920년대까지의 시기로 공장의 생산량이 수요를 따라가지 못하는 시기이다. 이 시기의 기업 목표는 가장 많은 제품을 생산하는 것이 중요한 부분으로 이해되었으며, 고객의 욕구와 필요는 부차적인 것으로 여겨졌다.

2) 판매 지향기

생산의 기술적 진보와 경쟁이 심화 되던 시기이다. 1930년대에 시작되어 50년대까지 판매 중심의 시대가 진행되었다. 이 시기에는 기술의 발전으로 수요를 충족하는 부분은 가능했으나, 경쟁의 심화로 생산보다는 판매의 중요성이 강조되었다.

3) 마케팅 지향기

마케팅 지향기는 기술의 발전과 경쟁이 더욱 심화되던 1950년대부터 70년대가 되면서 나타났다. 이 시기에는 공급이 수요를 초과하고, 경영 방식의 정교화가 이루어졌다. 기업은 판매만으로 고객에게 만족과 더 많은 판매를 기대하는 부분의 한계성을 인식하고, 판매보다는 고객의 욕구의 파악과 대응에 집중했다.

4) 사회적 마케팅 지향기

사회적 마케팅 지향기는 1970년대에서부터 현재까지 지속되고 있다. 이 시기의 기업은 기업의 이익과 고객의 만족을 포함한 사회적 책임의 중요성을 인식했다. 기업의 사회적인 책임은 기업의 운영과 관련해서 다양한 부분이 연계된다. 예를 들어 식품제조사의 경우 동물복지, 식품 재료의 생산 과정의 공정성 확보와 같은 부분이 중요한 이슈로 이해되고, 환대산업 분야에서도 다양한 형태의 사회적 마케팅이 운영되고 있다.

기업의 사회적 마케팅

- 기업은 이익을 추구하는 집단으로 기업의 성장과 발전 그리고 기업 간의 경쟁 관계 심화로 인해 환경, 사회, 경제 등 다양한 분야에서 문제점을 발생시켰다. 이와 같은 시기에 사회에서는 기업의 활동이 사회 전반의 이익을 손상시키지 않도록 운영되어야 한다는 사회적 흐름이 강조되고 있다.
- 소비자의 소비에서도 기업의 이미지는 중요한 요소로 나타나고 있다. 따라서 기업은 기업의 긍정적인 이미지를 유도하기 위해 다양한 노력을 기울이고 있다.

대한항공 사회적 책임 프로그램

해외 유명 박물관에 문화 후원

대한항공은 다양한 방법으로 문화 전파 및 지원 프로그램에 동참하고 있습니다.

특히 해외 유명 박물관(런던 대영박물관, 파리 루브르 박물관과 오르세 미술관, 상트 페테르부르크 에르미타주 박물관)에 소장된 세계적인 예술가들의 작품을 한국어 가이드 서비스로 감상할 수 있도록 하여 국제사회에서 우리말의 위상을 한층 드높였습니다.

대한항공은 앞으로도 모든 세대가 문화를 즐길 수 있도록 국제 문화유산 후원사업을 지속적으로 추진해 나갈 계획입니다.

중국 꿈의 도서실 기증

신기하고 궁금한 대한항공 여행

내가 그린 예쁜 비행기 어린이 그림대회

출처 : https://www.koreanair.com/korea/ko/about/social-responsibility.html

2. 마케팅의 정의

기술의 발전, 소비자 요구의 다양화는 지속적으로 새로운 상품이 나타나는 기회를 제공하고 있다. 하지만 우리는 모든 상품에 관심을 갖고 구매하거나, 사용하지는 않는다. 즉, 인간의 소비활동은 자신이 필요로 하는 것, 관심이 있는 것을 중심으로 선별적인 소비가 이루어진다.

기업은 환경 변화에 능동적으로 대처함과 동시에 소비자에게 자신들의 상품을 더욱 좋은 이미지로 인식시키고, 더 많은 소비를 유도하도록 다각적인 노력을 기울인다. 우리는 기업의 이와 같은 다양한 노력과 활동을 마케팅(marketing)이라는 개념으로 이해한다.

마케팅이라는 단어는 1920년대 미국에서 사용하기 시작했다. 이후 제2차 세계대전 이후 유럽 각국에서 사용되었으며, 우리나라는 1950년대에 마케팅이라는 용어가 활용된 것으로 알려져 왔다. 마케팅이라는 단어는 시장을 뜻하는 마켓(market)이라는 단어를 중심으로 구성한 단어로 시장에서 이뤄지는 다양한 활동을 포함하는 개념으로 활용되고 있다(한혜숙·유명희·윤병국, 2016).

마케팅의 정의와 관련하여 미국마케팅학회(American Marketing Association: AMA)에서는 "마케팅이란, 소비자, 클라이언트, 파트너 그리고 사회 전반에 가치 있는 제공물을 창조, 소통, 전달, 교환하기 위한 일련의 활동이며 제도이며, 과정이다(Marketing is the activity, set of institutions, and processes for creating, communicating, delivering, and exchanging offerings that have value for customers, clients, partners, and society at large.(Approved July 2013))"라고 정의한다.

마케팅은 소비자가 원하는 것을 알아내고, 소비자의 욕구에 맞게 상품을 제공하기 위한 전반의 활동을 포함하는 개념이다. 마케팅(marketing)과 판매(sales)는 종종 상호 교환적으로 사용되거나, 유사한 의미로 이해되기 한다. 하지만 두 단어에서 명확한 차이점이 나타난다. 마케팅은 다양한 상품 중에서 구매자가 특정한 상품을 받아들이도록 확신시키는 일련의 결정과 행위를 의미한다. 또한 마케팅에서 소비자는 자신이 원하는 것이 무엇인가를 발견하고, 요구에 부합하는 상품을 제공하는 것, 효과적인 상품 판매 방법을 검토하고, 잠재적인 고객을 대상으로 상품의 효용성을 알리는 것, 마케팅 전반의 과정에 대한 평가를 하는 부분이 포함된다. 반면, 판매는 고객에게 상품이 전달되도록 하겠다는 약속과 금전을 교환할 때 이루어진다(Burke & Resnick, 2000).

> ### 소비자의 필요, 욕구, 수요
>
> – 소비자의 구매 행동은 특정한 요소의 결핍 또는 필요를 인식하는 단계에서 출발한다. 마케팅은 소비자의 필요(needs)를 파악하고, 소비자가 원하는 상품을 제공하도록 하는 것이 중요한 부분으로 나타난다.
>
> ---
>
> - 필요(needs) : 기본적인 사항이 결핍됨을 느끼는 상태
>   - 의·식·주, 안전, 소속감 등의 욕구(배고픔, 추위)
> - 욕구(wants) : 기본적 니즈를 충족시킬 수 있는 구체적인 사항들에 대한 바람
>   - 배고픔 : OOO피자, OOO치킨, 추위 : OOO스웨터, OOO점퍼(구체적인 부분으로 연계)
> - 수요(demands) : 욕구가 구매력과 구매 의지에 의해 뒷받침되는 것을 의미
>   - 소비자가 특정 제품에 대한 욕구를 갖는 것 만으로 구매로 이어지는 것이 아니며, 구매력 및 구매 의지와 연계될 때 구매활동이 이루어짐.
>
> 출처 : 김이태·김재원·김한주·이선희(2017: 8-9).

3. 관광 마케팅의 특성

마케팅은 소비자의 욕구를 파악하고, 그 욕구를 충족시키기 위한 기업의 다양한 노력으로 이해할 수 있다. 관광 마케팅은 "관광 서비스의 수급 관계가 지역 간 또는 국제 간에 원활히 교환될 수 있도록 직간접적으로 작용하는 여러 활동으로서, 관광객의 관광 의욕을 유발하며, 그것을 충족시키기 위한 수단과 방법을 파악하고 조사·분석함으로써 계획 및 통제하는 일련의 관광시장 활동"으로 정의한다(강덕윤·류기환·이병연, 2016).

관광상품은 무형성, 생산과 소비의 동시성, 소멸성과 같은 특성들을 포함하고 있으며, 관광객의 체험이 중심이 되는 상품으로 이해되고 있다. 관광상품의 이와 같은 특성으로 인해 마케팅의 적용과 활용에서 고려되어야 할 부분을 갖고 있다.

일반적인 상품은 구매 전 다양한 방법을 통해 상품을 평가해 볼 수 있다. 하지만 관광상품의 경우 무형성이 강한 상품으로 관광 서비스를 직접 체험하기 전에는 평가가 어렵다는 특성

이 있다. 이와 같은 이유로 환대산업 및 관광산업에서는 관련 분야의 전문가의 조언과 미리 관광상품을 경험한 소비자의 구전이 중요한 요소로 나타난다.

관광 및 환대 상품은 생산과 소비가 동시에 일어나며, 생산 과정에 기업의 구성원과 다양한 고객이 함께 참여하게 된다. 이와 같은 특성으로 인해 직원의 행동, 다른 고객과 같은 요소가 관광객의 경험에 영향을 줄 수 있다. 관광상품의 소멸성은 기업의 운영에서 중요한 요소로 나타난다. 유형(有形)의 상품은 재고가 발생할 경우 저장이 가능하지만, 관광 및 환대산업의 경우 저장이 어려운 특성이 있다(Morison, 2002).

제2절 마케팅 활동

기업의 마케팅 활동은 특정한 실행 체계를 갖는다. 마케팅에서 기업은 기업의 내외부 환경에 대한 지속적인 검토를 수행해서, 검토 결과를 바탕으로 가장 효과적으로 접근이 가능한 시장을 선정한다. 이후 기업은 제품전략, 가격전략, 유통전략, 촉진전략과 같은 다양한 마케팅 요소를 연계해서 마케팅 믹스(marketing mix)를 활용해 구체적인 활동을 수행한다.

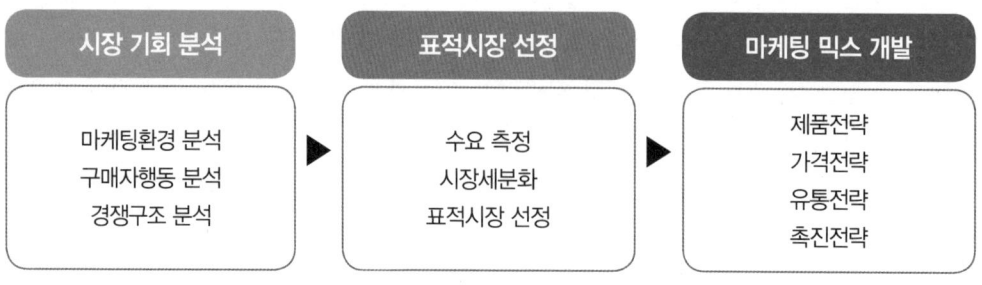

출처 : 지호준 · 이재범(2015: 254).

[그림 12-1] 마케팅 활동의 과정

1. 시장 기회 분석

마케팅은 지속적인 계획과 개선이 수반되는 장기적인 차원의 활동으로 기업을 둘러싼 다양한 환경에 대한 분석을 지속해야 한다. 시장 기회 분석에서 마케팅 환경 분석은 마케팅의 성공과 미래의 방향에 영향을 미치는 요소를 알아보기 위해 기업은 경쟁, 경제·정치적 측면, 법규, 사회 및 문화, 기술, 조직 목표와 자원과 같은 다양한 요소를 분석한다.

마케팅은 소비자의 욕구와 관련되어 소비자가 원하는 상품을 제공하기 위해 다양한 노력을 제공한다. 특히, 소비자의 행동과 관련해서 지속적인 조사를 통해 소비자의 특성을 파악하고, 변화하는 다양한 요구를 이해하는 부분이 중요한 부분으로 나타난다. 소비자 분석에서는 기존 고객에 대한 분석과 더불어 잠재고객에 대한 분석을 진행해서 시장의 잠재성을 검토하는 부분이 중요한 사항으로 나타난다.

기업은 시장 기회를 포착하기 위해 경쟁 관계에 있는 기업 또는 상품에 대한 분석을 진행한다. 특히, 경쟁구조 분석에서는 주요 경쟁 기업과 상품을 알아보고, 경쟁 기업의 전략 등에 대한 상세한 접근을 수행한다. 기업은 시장 기회 분석을 통해 현재 시장의 상황을 파악하고, 미래의 시장을 검토해 상품의 시장성을 종합적으로 판단할 수 있다(지호준·이재범, 2015; Morison, 2002).

2. 표적시장의 선정

기업은 시장 기회 분석을 통해 관련 상품의 시장성을 검토하고, 소비자의 요구를 충족시킬 수 있는 상품을 제공하기 위해 다양한 노력을 기울인다. 기업이 활동하고 있는 시장은 일반적으로 광범위하고, 시장에는 다양한 요구와 특성을 갖고 있는 소비자가 있다. 그러나 기업이 시장 내 모든 소비자의 요구를 충족시키는 부분은 한계가 있다.

기업은 시장에 효과적으로 접근하기 위해 광범위한 시장을 세분화해서 접근한다. 이와 같이 시장은 구분하는 과정을 시장세분화(market segmentation)라고 하며, 나뉜 집단을 세분화시장(market segment)이라고 칭한다.

기업은 다양한 세분화 시장 중 기업의 상품을 가장 효과적으로 적용할 수 있는 표적시장(target market)을 선정하게 된다. 시장세분화는 마케팅 비용을 좀 더 효과적으로 활용할 수 있도록 도우며, 표적시장 고객의 욕구와 필요를 명확하게 이해하는 데 도움을 준다. 또한 잠재고객의 관심을 끌기 위한 최적의 촉진 수단과 방법의 선정에 도움을 준다. 그러나 표적시장의 선정도 몇 가지 한계점을 갖고 있다. 우선은 시장세분화를 위해서는 추가적인 비용이 발생할 수 있으며, 최적의 세분화 근거를 제시하는 부분에서 어려움이 발생할 수 있다 (Morison, 2002).

여행상품 시장세분화의 근거

- 시장세분화를 위해서는 다양한 근거가 활용된다. 시장세분화에서는 인구통계학적 또는 사회경제적 기준, 심리적 기준, 지리적 기준, 구매행동 기준과 같은 사항이 대표적이다.

- 인구통계적 특성 및 사회경제적 세분화
  - 시장의 세분화에서 가장 기본적인 기준으로 비교적 자료의 취득이 용이하며, 활용성도 높다. 인구통계학적인 세분화 기준으로는 나이, 성별, 연령, 가족 구성 및 규모, 학력, 인종과 같은 사항이 있으며, 가족의 소득과 같은 경제적인 부분도 중요한 요인으로 활용된다.

- 심리적 세분화
  - 소비자의 심리적인 부분과 연계한 기준으로 조사의 비용 발생과 시행의 어려움이 있으나, 다른 분석정보를 보충함과 동시에 시장의 특성을 이해하는 데 중요한 기준이다. 대표적인 사항으로는 라이프 스타일, 개성, 태도, 동기와 같은 사항이 중요한 요인으로 활용된다.

- 지리적 세분화
  - 관광상품의 경우와 같이 소비자의 직접 이동이 포함되는 경우 지리적인 변수는 아주 중요한 부분으로 검토된다. 지역, 시장 영역, 도시, 교외 및 시골, 도시 규모와 같은 사항이 포함된다.

- 구매행동적 세분화
  - 행동적 세분화는 고객의 관광상품의 이용 상황, 이용객 상태, 혜택, 이용률, 충성도와 같은 기준으로 구분한다.

출처 : 하동현·조태영·조영신(2016: 188-192) 참조.

3. 마케팅 믹스

 기업은 시장에서 경쟁 우위를 확보하기 위해 지속적으로 마케팅 전략의 수립과 이행에 많은 노력을 기울이고 있다. 특히, 기업의 운영에서는 국제환경의 변화와 같이 기업이 통제하기 어려운 문제가 나타나기도 하지만, 기업이 통제가 가능한 요소를 활용해 기업의 성장을 도모한다.
 기업이 통제가 가능한 요소는 4P로 불리는 상품(product), 가격(price), 유통(place), 촉진(promotion)이다. 기업의 마케팅 믹스는 4P 요소를 적절하게 연계해 시장으로부터 기업이 원하는 성과를 도출하기 위한 것으로 이해할 수 있다. 즉, 마케팅 믹스는 대상 시장에 대한 분석과 세분화 과정을 통해 표적시장을 선정하고, 표적시장에 대한 효과적인 공략을 위해 4P를 효과적으로 활용하는 전략이다.

1) 상품

 상품(product)은 소비자의 욕구 충족을 위해 기업에서 제공하는 것으로 개념화된다. 또한 상품은 특정한 모양, 크기를 갖고 있는 유형적인 상품과 특정한 형태는 없이 소비자에게 전달되는 무형적인 상품이 있다.
 관광상품의 경우는 관광지(자원), 교통, 식음료, 숙박과 같은 다양한 요소가 결합되어 관광객에게 제공된다. 관광상품은 고객에게 전달되는 무형의 서비스가 많은 부분을 차지하고, 다양한 요소가 연계되어 제공되는 특성이 있다.
 상품전략은 고객의 욕구를 충족시키기 위해 물리적인 기능뿐만이 아닌 브랜드, 포장과 같은 다양한 요소가 포함될 수 있다. 기업은 소비자의 다양한 요구를 바탕으로 고객이 만족할 수 있는 상품을 제공한다. 그러나 상품은 수명주기를 갖고 있어 도입, 성장, 성숙기를 거쳐 쇠퇴기로 접어드는 과정이 진행된다.

2) 가격

 소비자는 필요한 것을 얻기 위해 대가를 지불한다. 이때 지불하는 금전적인 대가를 가격(price)이라고 한다. 가격은 소비자가 특정한 재화 및 서비스를 선택하도록 하는 부분에서 중요한 요소로 작용한다.
 가격은 상품의 가치를 가늠할 수 있으며, 소비자의 만족을 알아보는 요소로 이해할 수 있다. 따라서 기업은 가격의 설정을 위해 상품의 생산비용, 기업의 이익, 상품의 경쟁 관계 등을 종합적으로 고려한다.

관광기업에서 가격은 "관광 서비스의 효용 및 가치로서 관광객이 관광기업에 지불하는 대가"이다. 즉, 관광객은 자신의 관광활동을 통해 얻은 전체적인 효용 및 만족에 대한 희생 또는 비용을 가격으로 간주하게 된다(김이태·김재원·김한주·이선희, 2017).

관광지 수명주기

- 상품은 시장에 도입된 이후 성장기, 성숙기, 쇠퇴기를 맞이한다. 이는 생물이 태어나서 자라고 죽는 과정과 유사하여 제품의 수명주기(product life cycle: PLC)로 불림.
- 관광지의 경우는 관광지에 대한 소수 관광객의 탐색(exploration), 관광객 증가에 따라 지역주민이 관광시설 및 서비스를 제공하는 단계(involvement), 적극적 관광객 유치와 개발이 이루어지는 개발 단계(development), 대규모 관광단지 중심으로 시설이 집중되고 관광사업체 운영에서 프랜차이즈 형태의 기업이 나타나는 강화 단계(consolidation), 가장 많은 방문객을 유치하지만 관광 수용력의 한계로 인한 사회, 경제, 환경 분야에서 문제가 발생하는 정체 단계(stagnation)가 진행됨.
- 이후 관광지는 지속적인 노력을 통해 회복 단계(rejuvenation)를 맞이하거나, 경쟁자들에게 밀려 관광산업이 쇠퇴하는 단계(decline)가 나타남.

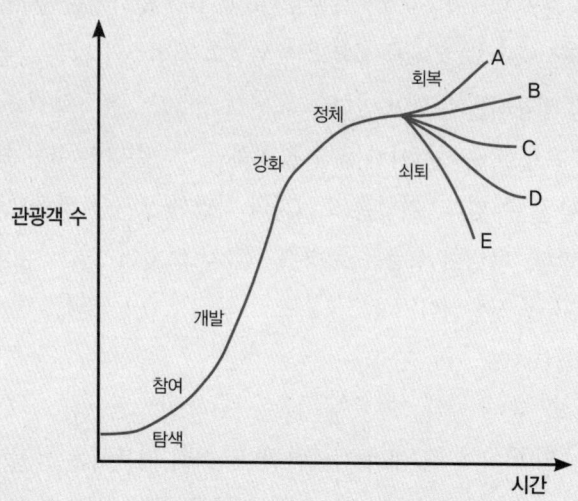

출처 : Butler(1980: 7).

항공사의 가격전략

- 항공시장의 성장은 기업 간 경쟁을 심화하고 있으며, 다양한 마케팅 전략의 도입이 검토되고 있다. 특히, 항공상품은 국내외 다양한 지역을 대상으로 고객을 이동시키는 사업으로 목적지의 성수기·비수기가 발생하는 특성을 포함한다.
- 따라서 항공사에서는 항공권의 가격 인하하는 형태의 가격전략을 적극적으로 활용한다. 특히, 새롭게 항공시장에 진출한 LCC의 경우 다양한 형태의 항공권 가격전략을 활용해 기업경쟁력 강화를 도모하고 있다.

출처 : 각 항공사 홈페이지(www.twayair.com; www.flyairseoul.com; www.airbusan.com)

3) 유통

유통(place)은 재화나 서비스를 소비자에게 전달하는 과정을 의미하며, 전달 과정에 포함되는 활동을 포함한다. 따라서 기업은 생산한 상품을 소비자에게 효과적으로 전달하기 위해 유통 방법 및 장소와 같은 다양한 사항을 고려해야 한다.

소비자 차원에서 유통 경로는 시간, 장소, 소유와 관련된 효용을 제공할 수 있다. 시간 효용은 소비자가 원하는 시간에 상품을 구매하면서 발생하는 효용이다. 장소 효용은 소비자가 편리하게 상품을 구매할 수 있는 장소에서 발행하는 효용이다. 마지막 소유 효용은 소비자가 상품을 구매하거나 이용하는 데 유통 경로가 도와줌으로써 발생하는 효용이다(한국상품학회, 2018).

유통 경로는 생산자와 소비자를 연계하는 중간도매상, 소매상과 같은 중간 단계를 포함해 구성될 수도 있으며, 생산자와 소비자를 직접 연계하는 형태를 갖기도 한다. 관광산업에서도 다양한 형태의 유통 경로가 형성될 수 있다. 항공산업과 호텔 분야에서는 자사 홈페이지 또는 지점을 이용해 소비자에게 상품을 유통시킬 수 있다. 또한 여행사를 통해 항공권과 호텔을 예약하는 방식과 더불어 호텔 및 항공권을 전문적으로 유통하는 기업을 통해 소비자에게 접근하는 방법도 활용할 수 있다.

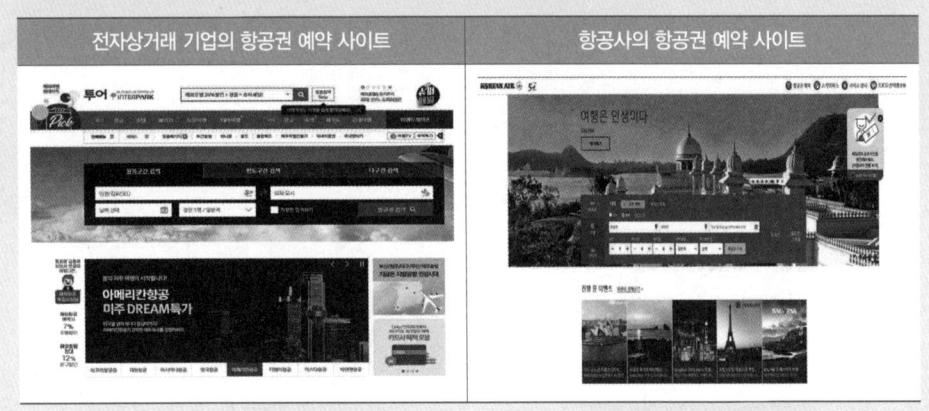

항공권 유통

- 전자상거래 및 모바일 기술의 발전은 유통 분야에 커다란 변화를 가져왔다. 특히, 항공 및 관광 분야에서는 소비자가 시간과 장소에 구애받지 않고 항공권이나 숙박을 예약할 수 있는 유통전략이 활성화됨.
- 항공권의 유통에서는 항공권 전문 예약 사이트가 등장해 다양한 항공사의 항공권을 비교해서 구매할 수 있는 시스템이 등장했다. 또한 국내외 항공사도 항공사의 홈페이지를 활용해서 고객이 직접 항공권을 예매할 수 있는 사이트를 운영함.
- 항공권의 직접 유통은 고객과 직접 연계를 통해 고객에게 빠른 응대와 더불어 항공사의 다양한 혜택을 제공할 수 있다. 반면 항공권 전문 예약기업의 경우 소비자에게 다양한 항공사의 항공권을 제공해서 소비자의 선택권을 확대하는 특성을 갖고 있음.

출처 : https://fly.interpark.com(인터파크 항공); https://www.koreanair.com(대한항공)

4) 촉진

마케팅 믹스에서 촉진(promotion)활동은 소비자들이 특정한 상품을 구매하거나 이용하도록 자극하는 역할을 수행한다. 즉, 촉진활동은 소비자에게 자사의 상품을 알리기 위한 정보의 제공과 구매를 유도하는 활동이 중심을 이룬다.

촉진활동은 정보의 제공과 소비자의 구매활동 유도를 위해 다양한 노력이 진행된다. 그 중 대표적인 활동은 광고(advertising), 홍보(publicity), 인적 판매(sales promotion), 판매 촉진(sales promotion) 등이다.

광고는 사전적으로 "상품이나 서비스에 대한 정보를 여러 가지 매체를 통해 소비자에게 널리 알리는 의도적인 활동"으로 정의된다(국립국어원 표준국어대사전, 2019). 즉, 기업이 자사의 상품을 소비자에게 인식시키기 위해 매체를 활용해서 소비자에게 정보를 제공하는 활동이다.

광고활동의 진행에서 기업은 효과적인 매체를 선택할 수 있으며, 소비자에게 제공할 정보도 선택적으로 활용할 수 있다. 그러나 광고는 매체의 활용에서 비용이 발생할 수 있으며, 소비자의 관심을 끌 수 있는 광고를 개발하기 위한 많은 노력이 필요하다.

홍보는 매체를 활용해서 자사의 제품 또는 서비스를 알리는 활동이다. 홍보에서는 TV, 신문, 라디오와 같은 다양한 매체들을 대상으로 관련 정보를 제공하고, 제공된 정보가 기사화되어 소비자에게 전달된다.

홍보는 광고와 같이 매체를 활용해서 고객에게 정보를 전달한다. 그러나 홍보는 매체의 활용에서 무상으로 기사화가 진행되며, 기사화 과정도 매체를 중심으로 진행된다. 홍보는 매체를 중심으로 진행되는 정보 전달 과정으로 광고에 비해 높은 신뢰성을 갖는 것으로 이해된다.

인적 판매는 판매원이 고객을 대상으로 자사의 제품 또는 서비스를 구매하도록 유도하는 활동이다. 인적 판매는 판매원이 소비자에게 제품과 상품에 대한 정보를 직접 제공함과 동시에 소비자의 반응에 따라 유연한 대응이 가능하다. 그러나 인적 판매는 판매원에 대한 지원 및 유지를 위해 많은 비용이 발생할 수 있다.

판매 촉진은 제품 또는 서비스의 판매를 촉진시키기 위해 진행되며, 다른 촉진 전략에 비해 단기적인 차원에서 소비자의 구매를 유도하는 전략이다. 또한 판매 촉진은 상품을 구매했을 때 고객에게 제공되는 인센티브를 제공하는 것으로 다른 촉진전략과 연계해서 특정한 상품의 구매를 자극하는 역할이 강조된다.

판매 촉진은 가격 지향적인 차원에서 가격 할인, 환불 및 상환으로 구성되며, 비가격적인 측면에서 샘플, 쿠폰, 경연대회, 경품, 단골고객 프로그램 등이 있다(한혜숙·유명희·윤병국, 2016). 판매 촉진은 기업 또는 상품의 경쟁에서 중요한 전략으로 활용될 수 있으나, 사용 빈도 및 방법에 문제가 있을 경우 기업 또는 상품의 브랜드 이미지를 저하시킬 수 있다.

토론 과제

1. 마케팅의 개념과 중요성을 설명해 보시오.
2. 관광 마케팅의 특성을 논의해 보시오.
3. 마케팅 활동을 단계별로 구분해 설명해 보시오.
4. 시장세분화의 개념과 기준에 대해 설명해 보시오.
5. 마케팅 믹스의 각 구성 요인을 설명해 보시오.
6. 특정 항공사 또는 서비스 기업의 가격전략 활용 사례를 검토해 보시오.
7. 특정 항공사 또는 서비스 기업을 대상으로 차별화된 마케팅 전략을 수립해 보시오.

참고 문헌

[국내 문헌]

강덕윤 · 류기환 · 이병연(2012). 『현대 관광학개론』. 백산출판사.

국토교통부(2015.12). 제5차 공항개발 중장기 종합계획 수립 연구.

_____ (2017). 『조종사 표준교재 항공법규』. 국토교통부.

_____ (2019). 『항공정보간행물』. 국토교통부.

국토교통부 항공정책실(2011). 『항공정책론』. 백산출판사.

김민주 · 송혜령(2010). 『시티노믹스』. 비즈니스맵.

김성용(2006). 『관광마케팅』. 기문사.

김성혁(1998). 『관광서비스: 이론과 실제』. 백산출판사.

김용상 · 정석중 외(1997). 『관광학』. 백산출판사.

김윤종 · 강기수(2010). Caillois의 사회 · 문화적 관점에서 놀이의 교육적 기능, 『교육사상연구』. 24(3): 91-111.

김이태 · 김재원 · 김한주 · 이선희(2017). 『관광마케팅』. 도서출판 청람.

김제철 · 박진서 · 한익현(2018). 중국의 공항 광역클러스터 전략과 정책적 시사점, 현안분석보고서 2018. 한국교통연구원.

김종훈(1998). 『21세기를 향한 공항 운용』. 하서출판사.

노건수(2009). 『항공기 성능』. 공간아트.

노건수 · 정기현(2008). 『운항관리론』. 공간아트.

리옌웨이(2018.01). 베이징 · 톈진 · 허베이 민간항공 균형 발전을 위한 산업정책 시스템 마련, 『중국 민용항공국 저널』. 2018년 1월호.

박근수(2005). 『관광소비자행동론』. 백산출판사.

박수영(1996). 『도시행정론』. 박영사.

박종화 외(1994). 『도시행정론』. 대영문화사.

_____ (1996). 『도시행정론』. 박영사.

박진서 외(2015.11). 한, EU 공항복합도시 개발 사례 비교분석 연구, 경제인문사회연구회 미래사회 협동연구총서 15-16-01.

양쉐빙(2018). 경쟁을 기반으로 한 공항클러스터의 균형 발전 체계 연구, 『중국 민용항공국 저널』. 2018년 1월호.

양영근(2007). 『관광학의 이해』. 백산출판사.

양한모 · 김도현(2018). 『항공교통개론』. 한국항공대학교출판부.

위키백과. https://ko.wikipedia.org/wiki/세계도시

유광의 · 이강석 · 유문기(2011). 『항공산업론』. 대왕사.

_____ (2017). 『항공산업론』. 대왕사.

윤대순 외(2007). 관광경영원론, 백산출판사.

윤대식(2003). 『지역발전과 지역혁신』. 영남대학교출판부.

윤현석 외(2009). 『도시 경제와 산업살리기』. 한울.

이광희 · 김영준(1999). 체험관광상품 개발 활성화 방안. 한국문화관광연구원.

이미혜(2009). 『관광상품론』. 대왕사.

이장춘(1986). 『복지관광정책론』. 대왕사.

이호상(2013). 공항도시와 국제공항 주변지역 개발 방안에 대한 고찰: 한국과 일본사례를 중심으로, 『한국도시지리학회지』, 16(1): 113-129.

인천국제공항공사 · 국토연구원(2007). 『인천국제공항 Air-City 개발기본계획 및 실행계획 수립 연구』.

임명재 · 송두범(2006). 관광이벤트 유형에 따른 지역개발 효과 분석. 『국제관광연구』, 3(1): 101-112.

임재현(2016). 『도시행정론』. 대영문화사.

장리(2018). 3대 세계 수준 공항클러스터 조성과 도시클러스터 대상 서비스 제공, 『중국 민용항공국 저널』. 2018년 1월호.

조영제(2009). 『산업과 도시』. 후마니타스(주).

지호준 · 이재범(2015). 『21세기 경영학』. 집현재.

최기종(2014). 『관광학개론』. 백산출판사.

최태광(1995). 『관광경영학』. 백산출판사.

하동현 · 조태영 · 조영신(2016). 『관광학원론』. 한올.

한국관광공사(2018). 2017년 국제회의 개최 현황.

한국교통연구원(2016.06). 항공정책Brief 107호 『중국 징진지 지역중국 징진지(京津冀) 민항 발전, 공급 구조의 문제점과 개혁 방향』.

_____ (2017). 『중국 '민용항공 발전 13차 5개년계획(2016~2020)' 주요 내용과 그 의미』. 현안분석보고서.

한국상품학회(2018). 『상품학』(제2판). 도서출판 청람.

한국항공우주학회(2013). 『항공우주학개론』. 경문사.

한국항공진흥협회(2018). 『항공연감』. 한국항공진흥협회.

한국항공협회(2018). 포켓 항공 현황.

한혜숙·유명희·윤병국(2016). 『관광학개론』. 한올.

허희영(2003). 『항공운송산업론』. 명경사.

[국외 문헌]

Bernecker, P.(1962). Grundlagenlehre des Fremdenverkehrs. Wien: Österreichischer Gewerbe.

Burke, J. F. & Resnick, B. P.(2000). 『관광마케팅 Marketing & Selling the Travel Product』(권병철·조성진 역). 한올출판사.

Butler, R.(1980). The Concept of a Tourism Area Life Cycle of Evolution: Implications for Management of Resources. Canadian Geographer, 24(1): 5-12.

Dunn W. N.(2008). Public Policy Analysis. Pearson Prentice Hall.

Friedmann, J.(1973). Urbanization, Planning and National Development. Beverly Hills, California: Sage Publications.

Güller, M. & Güller, M. (2006). From airport to airport city, Güller & Güller architecture urbanism.

Gunn, C. A.(1972). Vacationscape;: Designing tourist regions. Bureau of Business Research, University of Texas at Austin.

Harris, B.(1995). The nature of sustainable urban development, in Brotchie, J., Batty, M., Blakely, E., Hall, P., & Newton, P.(eds.). Cities in Competition: Productive and Competitive Cities for the Twenty-First Century, Melbourne: Longman Australia.

Hauser G. A.(1966). The Study Of Urbanization. John Wiley & Sons.

Herson, Lawrence J.R., & Bolland J. M.(1990). The Urban Web / Politics, Policy and Theory, Nelson-Hall Publishers: Chicago.

Holloway, C. & Plant, R. V.(1992). Marketing for Tourism, Pitman Pub lishers.

Hubbard, P. J. (1996). Re-imaging the city: the transformation of Birmingham's urban landscape Geography, 81(1): 26-36.

ICAO, Annex 1 Personnel licensing, International civil aviation organization.

_____ , Annex 11 Air traffic service, International civil aviation organization.

_____ , Annex 14 Aerodrome, International civil aviation organization.

_____ , Annex 19 Safety management system, International civil aviation organization.

Kasarda, J.D.(2006). Airport Cities and the Aerotropolis, mimeo.

Kasarda, J.D. & Appold, S. J.(2014). Planning a Competitive Aerotropolis, in *Advances in Airline Economics*, Vol. 4, The Economics of International Air Transportation, edited by Peoples Jr. J. H., West Yorkshire: Emerald Group Publishing.

Leiper, N.(1979). *The Framework of Tourism, Annals of Tourism Research*, 6(4): 390-407.

MEMPHIS AEROTROPOLIS : AIRPORT CITY MASTER PLAN. 2014.

Morison, A. M.(2002).『호텔관광마케팅(*Hospitality and Travel Marketing*)』(김홍범 역). 한올출판사.

Momford, L.(1961). *The city in History: Its Origins, Its Transformations, and Its Prospects*, Harmondsworld: Penguin.

OAG China(2017.09). CHINA AIR TRAVEL REPORT.

Parasuraman, A., Zeithaml, V. A., & Berry, L. L. (1985). A conceptual model of service quality and its implications for future research. *The Journal of Marketing*, 41-50.

Porter, M. E. (1990). The competitive advantage of nations. *Competitive Intelligence Review*, 1(1): 14-1.

Roberts, P. & Sykes, S. (2000). *Urban Regeneration*: 2nd Edition, London: Sage Publications.

Sassen, S.(1991). The Global City. Princeton, NJ: Princeton University Press.

Smith M. P.(1980). *The City and Social Theory*, Oxford : Basil Blackwell.

Smith, W. F.(1980). *Urban Development*, Berkley: University of California Press.

THEMED ENTERTAINMENT ASSOCIATION(2018). Theme Index Museum Index 2017.

van Wijk(2007). Airports as Cityports in the City-region, *Netherlands Geographical Studies NGS* 353.

Zeithaml, V. A., Bitner, M. J. & Gremler, D. D.(2013).『서비스마케팅』 6th ed.(전인수·배일현 역). 도서출판 청람.

http://gto.or.kr

http://kto.visitkorea.or.kr

http://www.injefestival.co.kr

http://www.mudfestival.or.kr

http://www.travelicn.or.kr

http://www.visual-art-research.com

http://www.yes24.com/

http://www2.unwto.org

http://yudeung.com

https://fly.interpark.com.

https://ijto.or.kr

https://stdict.korean.go.kr/main/main.do(국립국어원 표준국어대사전)

https://terms.naver.com

https://www.abebooks.co.uk

https://www.airbusan.com

https://www.ama.org/the-definition-of-marketing-what-is-marketing/

https://www.amazon.com

https://www.collinsdictionary.com/dictionary/english(Collins Cobuild Advanced Learner's English Dictionary)

https://www.flyairseoul.com

https://www.koreanair.com

https://www.koreanair.com/korea/ko/about/social-responsibility.html

https://www.twayair.com

저자 소개

구성관
- 한국항공대학교 항공교통물류학과 이학박사
- 전) 한국산업기술시험원 기계시스템본부 항공·공항 분야 시스템 검증 담당 연구원
- 현) 한서대학교 항공산업공학과 조교수

배정환
- 충북대학교 행정학과 행정학박사
- 전) 충북테크노파크 선임연구원, 행정안전부 지방자치발전포럼 위원
- 현) 한서대학교 공항행정학과 교수

임명재
- 배재대학교 관광학과 관광학박사
- 전) 충남연구원 책임연구원, 충청남도평생교육진흥원 팀장
- 현) 한서대학교 항공관광학과 조교수